Isaac Edunyah

Manual de Sinalização Rodoviária e Condução Segura

Isaac Edunyah

Manual de Sinalização Rodoviária e Condução Segura

ScienciaScripts

Imprint

Cover image: www.ingimage.com

This book is a translation from the original published under ISBN 978-3-659-82407-4.

Publisher:
Sciencia Scripts
is a trademark of
Dodo Books Indian Ocean Ltd. and OmniScriptum S.R.L publishing group

120 High Road, East Finchley, London, N2 9ED, United Kingdom
Str. Armeneasca 28/1, office 1, Chisinau MD-2012, Republic of Moldova, Europe
Managing Directors: Ieva Konstantinova, Victoria Ursu
info@omniscriptum.com

Printed at: see last page
ISBN: 978-620-8-62226-8

Índice

Avançar

A principal responsabilidade de qualquer pessoa ao volante de um veículo é garantir a sua própria segurança e a dos passageiros que transporta para os seus destinos. Trata-se de uma ordem e nada mais; por conseguinte, deve assumir a responsabilidade pela sua segurança.

O Ministério das Estradas e dos Transportes, através da Autoridade de Licenciamento de Condutores e Veículos (DVLA) e da Comissão Nacional de Segurança Rodoviária (NRSC), compilou e clarificou de forma inequívoca as regras e os regulamentos necessários para atingir estes objectivos, de modo a que os condutores e peões possam avaliar as suas responsabilidades e reduzir os acidentes nas nossas estradas. A formação e o desenvolvimento dos futuros condutores têm carecido de um manual conciso que trate especialmente do conhecimento do veículo, do seu manuseamento, da sua manutenção e de certos pormenores que fazem um condutor completo nas nossas estradas, o que conduziu a muitos acidentes rodoviários que poderiam ser evitados. Esta área frequentemente negligenciada do conhecimento do condutor, que se espera que seja parte integrante das competências do condutor nas nossas estradas nos dias de hoje, é o que o autor expôs meticulosamente neste livro. Este livro reúne uma interpretação holística das regras e regulamentos da DVLA, dando ênfase aos erros mais comuns que culminam em acidentes e mortes nas nossas estradas e que poderiam ter sido evitados se essas dicas tivessem sido seguidas e dominadas. Também forneceu possíveis perguntas e respostas sobre os nossos conhecimentos diários de condução, a observação dos sinais de trânsito e a adesão às precauções que são encontradas nos exames de segurança rodoviária, com os quais todos os condutores devem estar equipados e obedecer rigorosamente para serem declarados condutores bem sucedidos e completos antes de lhes ser entregue a carta que os autoriza a conduzir na nossa estrada.

Este manual detalhado não poderia ter surgido em melhor altura, quando as estatísticas revelam um aumento de acidentes e mortes que se tornaram a ordem do dia, especialmente quando se tem em conta os numerosos acidentes de viação que ocorrem antes das nossas ocasiões festivas mais queridas. Este livro é de leitura obrigatória quando se pensa também na necessidade de nos sentirmos seguros ao volante nas nossas estradas. Ninguém atingiu ainda a perfeição, mas isso não deve limitar a nossa tentativa de sermos perfeitos.

Rev. A.A Mensah (GGCI)

Docente sénior, Umat. Tarkwa.

Sobre o autor

O autor deste livro nasceu em Tarkwa, na região ocidental do Gana. Foi educado na Methodist Primary and Middle School. Após a sua educação primária, iniciou uma carreira em engenharia automóvel como aprendiz na então State Gold Mining Corporation (SGMC). Durante o período de aprendizagem, iniciou um curso a tempo parcial na Universidade de Ciência e Tecnologia de Tarkwa (UST), atualmente Umat. Depois de concluir o curso intermédio de Engenharia Automóvel, foi patrocinado pela então SGMC para prosseguir o Programa de Montagem de Engenharia Mecânica no Takoradi Technical Institute (TTI), onde obteve o National Craftsman Certificate (NCC) em Montagem de Engenharia Mecânica. Depois do TTI, continuou o Programa de Técnico em Engenharia Automóvel na Universidade de Ciência e Tecnologia (UST) de Tarkwa, onde obteve o Técnico de Veículos Motorizados Parte 3 do Instituto City and Guilds de Londres. O Autor, depois de trabalhar como Técnico de Engenharia Mecânica na SGMC durante 10 anos, mudou-se para a então Teberebie Goldfields Limited durante 6 anos e depois para a Goldfields Ghana Limited durante mais 3 anos. Depois de trabalhar três anos na Goldfields Ghana Limited, foi admitido na Universidade de Bolton, no Reino Unido, para obter uma licenciatura em Estudos de Veículos Motorizados e Transportes, onde obteve um BSc. (Hons) 2:1. Após a sua licenciatura, o autor prosseguiu o seu Mestrado com Investigação em Operações e Gestão Empresarial na Glasgow Caledonian University, na Escócia, onde obteve o grau de Mestre em Ciências (MSc) em Operações e Gestão Empresarial em junho de 2008. Atualmente, é professor no Departamento de Engenharia Mecânica da Takoradi Polytechnic, onde ensina Gestão e Controlo dos Transportes a estudantes de Engenharia Mecânica (Opção Automóvel).

MÓDULO 1: OBRIGAÇÕES ENQUANTO CONDUTOR PRINCIPIANTE

1.0 A condução como profissão

Há várias razões pelas quais as pessoas conduzem, algumas pelo salário (motorista), outras pela natureza do seu trabalho e outras ainda porque têm dinheiro para comprar um carro. Tendo em conta todas as razões acima referidas, qualquer pessoa que queira conduzir deve estar ciente de que a condução é uma experiência de aprendizagem constante e exige uma concentração total em todos os momentos. Todos os condutores, antigos e novos, devem ter sempre um cuidado redobrado nas suas operações diárias. Os condutores partilham sempre a estrada com os outros utentes; um condutor cortês, atento e bem informado tornará as estradas mais seguras para todos.

1.1 Requisitos de um condutor principiante

Todos os condutores começam como condutores principiantes. Um aprendiz de condutor é aquele que não tem conhecimentos prévios de condução ou uma pessoa que se candidata a uma carta de condução. Por conseguinte;

- Todos os condutores principiantes têm de possuir uma carta de condução válida do seu país de origem.

  Vehicle and License Authority (DVLA) para poder conduzir na estrada.
- Os condutores principiantes devem ter 18 anos de idade ou mais
- Para poderem conduzir, os candidatos a condutores devem ter uma boa visão e devem ser capazes de ler uma matrícula a uma distância de 25 metros.
- Os condutores principiantes devem ter uma formação escolar mínima de Basic Education Certificate Examination /Middle School Leaving Certificate (BECE/MSLC)

1.1.1 A tarefa de condução

Cada condutor médio executa pelo menos seis tarefas identificáveis durante a sua rotina normal de condução.

- Encontrar o itinerário
- Seguir o itinerário
- Seguimento da faixa de rodagem
- Evitar colisões
- Cumprimento das regras
- Monitorização do veículo.

1.1.2 Encontrar o itinerário

Normalmente, isto exige que um condutor que não esteja familiarizado com a estrada procure símbolos e sinais de trânsito visuais, sinais luminosos ou pontos de referência memorizados para prosseguir ao longo do percurso escolhido até ao seu destino.

.1.1.3 Seguir a rota

Este é o processo de seguir o percurso normal; também pode ser utilizado para descrever o comportamento dos condutores que passam por um ambiente familiar. Quando os condutores estão familiarizados com o seu ambiente, tentam conduzir a uma velocidade mais elevada, o que constitui um risco para o peão.

1.1.4 Seguimento da faixa de rodagem

Os condutores têm de efetuar uma tarefa de seguimento enquanto conduzem o seu veículo ao longo do itinerário escolhido. A sua capacidade de condução será naturalmente função do seu conhecimento do ambiente. A conceção do veículo, as condições de tráfego, a velocidade e outros factores afectam o seguimento da faixa de rodagem.

1.1.5 Evitar colisões

Os condutores devem, tanto quanto possível, evitar a colisão com outros utentes da estrada. A capacidade de um condutor para evitar uma colisão depende da sua atenção, perceção e capacidade de decisão e inclui O exame visual do condutor para detetar indícios de colisão, potencial de perigo ou qualquer coisa que possa causar perigo.

1.2 Cumprimento das regras

Os deveres e as responsabilidades do condutor são definidos pela legislação e pelas convenções. Na sua atividade normal, o condutor deve respeitar o conjunto destas legislações relativas à utilização da estrada.

1.2.1Vigilância do veículo

Os condutores experientes monitorizam continuamente as informações sobre o estado do seu veículo; processam as informações auditivas para detetar defeitos e, ocasionalmente, examinam o painel de instrumentos para obter informações sobre o estado da velocidade e os níveis de combustível e de óleo.

1.2.3 Regras rodoviárias

Todos os condutores devem respeitar o limite de velocidade indicado no tipo de estrada que utilizam. Os limites de velocidade são estabelecidos para salvar as vidas dos condutores e dos outros utentes da estrada. Por exemplo, um limite de velocidade de 50 km/h significa que um peão atropelado a uma velocidade de 50 km/h tem 80% de hipóteses de sobreviver.

Os limites de velocidade indicados abaixo devem ser respeitados por todos os condutores:

- Estradas urbanas-30km/h a 50km/h
- Auto-estradas-80km/h
- Auto-estradas-100km/h.

1.2.4 Equipamento de segurança necessário

Os seguintes artigos de segurança são obrigatórios por lei para todos os condutores quando conduzem na estrada.

- Dois triângulos de aviso prévio normalizados
- Caixa de primeiros socorros com componentes básicos
- Extintor de incêndio (recarregado de seis em seis meses)
- Pneu sobresselente em bom estado
- Refletor (veículos pesados)
- Lâmpadas.

1.2.5 Acidente de viação

Acidente de viação é uma situação indesejável que inclui pelo menos um acontecimento danoso (ferimentos ou danos materiais) envolvendo um veículo a motor em transporte (em movimento, pronto a circular ou numa estrada, mas não estacionado numa zona de estacionamento designada) que não resulta da descarga de uma arma de fogo ou de um engenho explosivo e não resulta diretamente de um cataclismo.

1.3 Local do acidente e tratamento das vítimas de acidentes

Enquanto condutor, se se deparar com um acidente de viação na estrada, há várias coisas que pode fazer para ajudar as vítimas do acidente: estacionar o seu veículo num local adequado, desligar o motor, afastar as pessoas não feridas do veículo, avisar o outro tráfego do acidente e chamar o serviço de emergência, ou seja, a polícia ou a ambulância dos bombeiros. Não se torne você próprio uma vítima.

1.3.1 Combate e prevenção de incêndios

O que é o fogo/combustão?

O fogo ou combustão é uma reação química ou uma série de reacções que envolvem o processo de oxidação, produzindo calor, luz e fumo. Existem dois tipos de incêndio: a conflagração e a detonação.

Conflagração: É quando a combustão ocorre de forma relativamente lenta.

Detonação: É quando a combustão ocorre instantaneamente.

Combustão: Trata-se de uma reação química ou de uma série de reacções em que se produz calor e luz.

Incêndio: Uma reação química provocada pela combinação de combustível e oxigénio e pela aplicação de calor suficiente para provocar a ignição.

Combustível: Pode ser sólido, líquido ou gasoso. A quantidade de calor necessária para libertar um vapor que permita a combinação dependerá do estado do combustível.

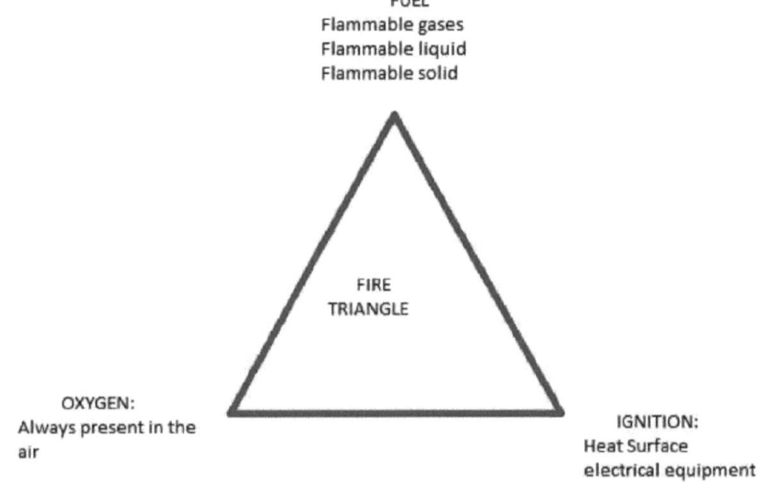

O triângulo do fogo

1.3.2 Tipos de combustível

a. **Os exemplos de combustíveis sólidos são**: Madeiras, Papéis, Têxteis, etc.

b. **Os exemplos de combustíveis líquidos são:** Gasolina, querosene, diluente, gasóleo, álcool, etc.

c. **Os exemplos de combustíveis gasosos são:** Metano, Butano, Propano, Acetileno, etc.

1.3.3 CLASSES DE INCÊNDIO E RESPECTIVO AGENTE EXTINTOR INCÊNDIOS DE CLASSE "A" (SÓLIDOS)

Os extintores de incêndio são equipamentos utilizados para extinguir o fogo em todas as situações de emergência. Os agentes extintores dos fogos da classe "A" são água, areia seca, extintor de água/gás, extintor de pó seco, extintor de espuma, etc.

INCÊNDIOS DA CLASSE "B" (LÍQUIDOS)

Trata-se de incêndios que envolvem líquidos inflamáveis, tais como gasolina, gasóleo, querosene, diluente, álcool, tinta de óleo, alcatrão de hulha, etc.

Os agentes de extinção de incêndios da classe "B" incluem: Extintor de dióxido de carbono (CO_2), extintor de espuma, extintor de pó seco, BCF (Halon1211), areia seca.

FOGOS DA CLASSE "C" (GÁS)

Os incêndios de classe "C" são incêndios que envolvem gases inflamáveis, tais como metano, butano, propano, acetileno, etc.

O agente extintor inclui extintor de dióxido de carbono (CO_2), BCF (Halon1211), extintor de pó seco.

INCÊNDIOS DA CLASSE "D" (METAL)

Os incêndios da classe "D" são incêndios que envolvem metais combustíveis, como o alumínio, o sódio, o magnésio e o titânio, para os quais deve ser dada especial atenção ao método de aplicação, aos aparelhos e aos meios de extinção.

Os incêndios que envolvem computadores e outros dispositivos electrónicos podem ser extintos com um extintor de dióxido de carbono

INCÊNDIOS DE CLASSE "E" (ELÉCTRICOS)

Trata-se de incêndios que envolvem riscos eléctricos. É fundamental desligar primeiro a alimentação eléctrica.

Para incêndios que envolvam equipamento elétrico sob tensão, em que as fontes de alimentação não possam ser isoladas e exista o risco de choque elétrico no equipamento.

O agente extintor deve ser não condutor, como o extintor de dióxido de carbono (CO_2), o extintor de pó seco e a areia seca.

1.3.4 Extintores de incêndio

Os extintores de incêndio existem em várias formas e tipos; é aconselhável conhecer o tipo e a origem do incêndio antes de utilizar qualquer extintor. Os extintores são identificados pelo seu código de cores. Quando utilizar qualquer tipo de extintor, mantenha-se a pelo menos 1 metro de distância do fogo.

1.3.5 Tipos de extintores de incêndio

1. Extintor de água

Cor: Vermelho

Objetivo: bom para incêndios que envolvam materiais sólidos orgânicos, como madeira, tecido, papel, plásticos, carvão, etc.

2. Extintor de névoa de água

Cor: vermelho-sinal

Finalidade: bom para combater riscos de classificação A, B, C, bem como gorduras, fritadeiras, pode ser utilizado com segurança em incêndios eléctricos (até 1000 Volt).

3. Extintor de pó multiusos

Cor: azul

Objetivo: como o nome indica, este tipo pode ser utilizado em incêndios que envolvam sólidos orgânicos, líquidos como gorduras, óleos, tintas, gasolina, incêndios de gás, etc.

4. Extintor de pó seco

Cor: azul

Objetivo: Estes extintores de pó especializados foram concebidos para combater incêndios que envolvam metais combustíveis como o lítio, o magnésio, o sódio ou o alumínio sob a forma de limalha ou pó.

5. Extintor de espuma

Cor: creme

Objetivo: bom para incêndios que envolvam sólidos e líquidos em chamas, como tintas e gasolina.

6. Extintor de dióxido de carbono

Cor: preto

Finalidade: bom para equipamento elétrico sob tensão.

7. Produto químico húmido

Cor: Amarelo canário

Objetivo: bom para fogos que envolvam óleos e gorduras alimentares, como a banha de porco e o azeite,

óleo de girassol, óleo de milho e manteiga.

1.4 Classificação da carta de condução nacional

As classificações da carta de condução descrevem o tipo de carta e as categorias de veículos que o titular da carta pode conduzir. O quadro 1 apresenta as categorias de cartas de condução.

Tabela 1.

Classe/tipo	Descrição/classe	Categorias (em Kgs/CC
A	CICLOMOTOR COM OU SEM CARRO LATERAL	50-250 CC E SUPERIOR
B	CARROS E 4X4 CROSS COUNTRY VEÍCULOS	CARROS NÃO SUPERIOR A 3000 KG
C	VEÍCULOS DE TRANSPORTE DE MERCADORIAS E AUTOCARROS	VEÍCULOS DE 30005500 KG. (1-33 PASSAGEIROS)
D	VEÍCULOS DE TRANSPORTE DE MERCADORIAS E AUTOCARROS	VEÍCULOS QUE NÃO EXCEDAM 8000KG

E	NIVELADORAS CARREGADORAS EMPILHADORAS, TRACTORES BULLDOZERS DUMPERS E CILINDROS	ESPECIAL
F	VEÍCULOS DE TRANSPORTE DE MERCADORIAS E AUTOCARROS, CAMIONETAS E VEÍCULOS ARTICULADOS PESADOS	VEÍCULOS COM MAIS DE 8000 KG

MÓDULO 2: O ASPECTO TEÓRICO DO FUNCIONAMENTO DO VEÍCULO A DISPOSIÇÃO DO VEÍCULO

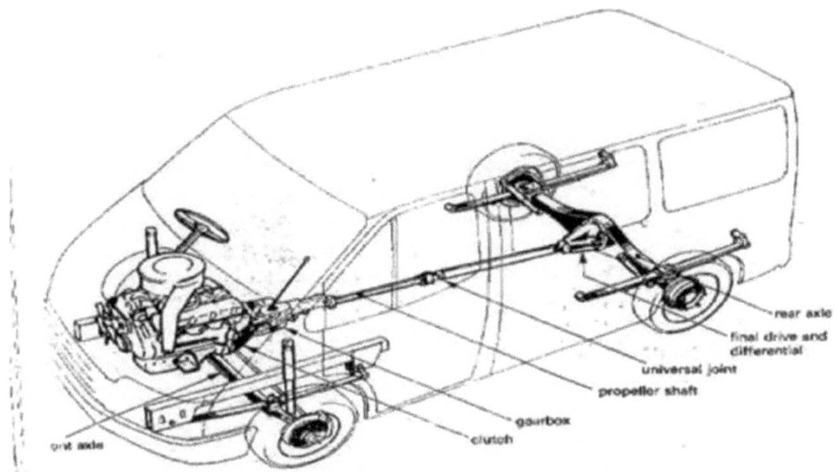

Figura 1. O esquema de um veículo a motor.

A figura 1 mostra o esquema básico de um veículo miniautocarro. Isto permite ao leitor ver a localização de cada um dos componentes principais do veículo que conduz. Os componentes básicos incluem: o eixo dianteiro, o motor, a embraiagem, a caixa de velocidades, o eixo da hélice, a transmissão final incluindo o diferencial e o eixo traseiro. As funções básicas de cada um destes componentes serão explicadas mais adiante neste livro

2.1 Compreender o seu veículo

Para conduzir eficazmente, é necessário compreender o veículo que se está a utilizar. O motor utilizado em todos os veículos rodoviários é o motor de combustão interna. Os motores de combustão interna funcionam com base em quatro princípios básicos. São eles:

- Curso de indução
- Curso de compressão
- Curso de potência
- Curso de escape

Curso de indução: No curso de admissão do movimento do motor, o pistão desce do topo do cilindro para o fundo do cilindro, reduzindo a pressão no interior do cilindro. Uma mistura de combustível e ar é forçada pela pressão atmosférica para o interior do cilindro através da porta de admissão ou do filtro de ar quando a válvula de admissão se abre.

Ver figura 2. Curso de indução de um motor.

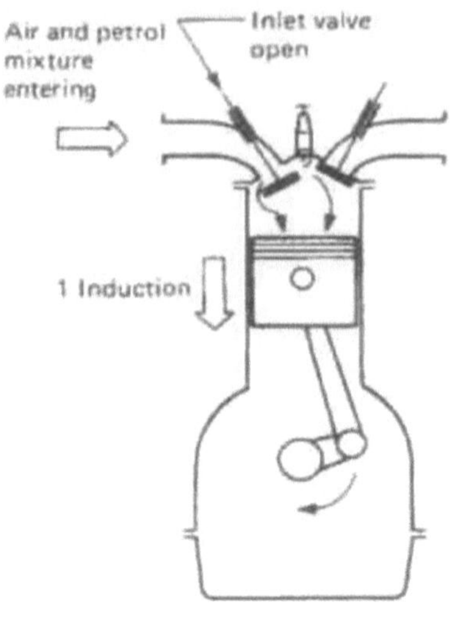

Figura 2. Curso de indução

2.1.1 Curso de compressão

Curso de COMPRESSÃO: Com as válvulas de admissão e de escape fechadas, o pistão regressa ao topo do cilindro comprimindo a mistura combustível-ar. Este é conhecido como o curso *de compressão*. Ver figura 3.

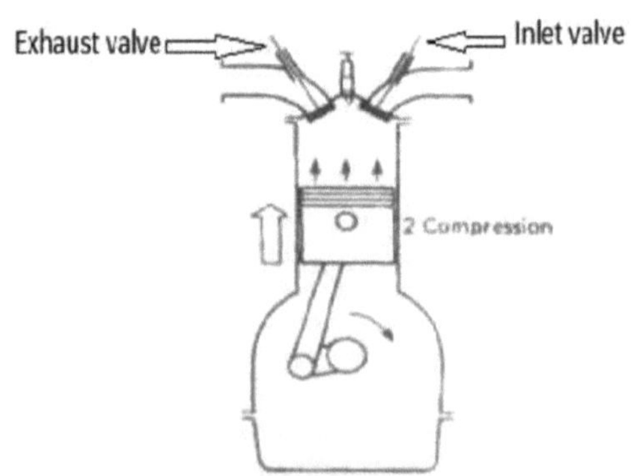

Curso de compressão. Figura 3

2.1.2 Curso de força

curso de potência..: Enquanto o pistão está próximo do ponto morto superior, a mistura comprimida de ar-combustível é inflamada, normalmente por uma vela de ignição (para um motor a gasolina ou de ciclo Otto) ou pelo calor e pressão da compressão (para um motor)de ciclo diesel ou de ignição por compressão. A enorme pressão resultante da combustão da mistura comprimida de combustível e ar faz com que o pistão volte a descer em direção ao ponto morto inferior com uma força tremenda. Isto é conhecido como o curso *de potência*, que é a principal fonte de binário e potência do motor. Ver figura 4.

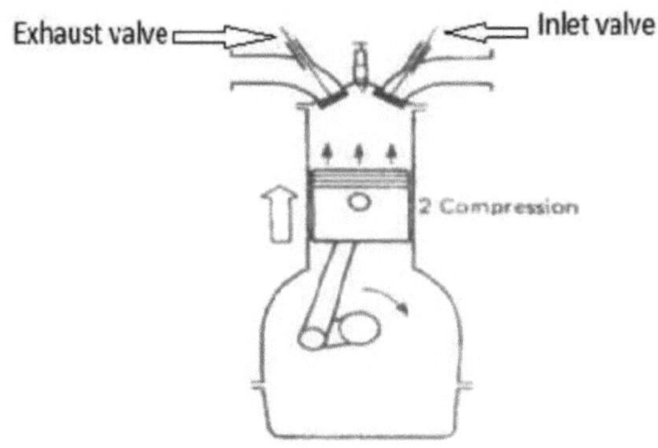

Curso de potência figura 4

2.1.3 Curso de escape

Curso de escape. Durante o curso *de escape*, o pistão regressa mais uma vez ao ponto morto superior enquanto a válvula de escape está aberta. Esta ação evacua os produtos da combustão do cilindro, empurrando a mistura combustível-ar gasta através da(s) válvula(s) de escape. Figura 5.

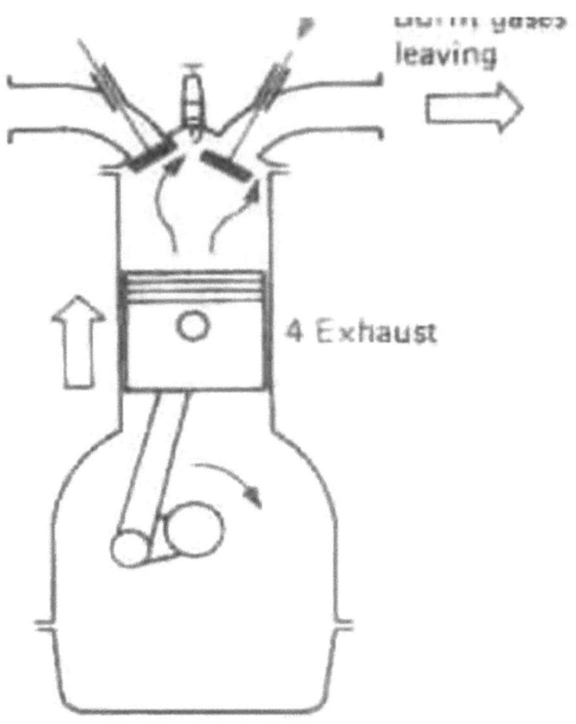

Curso de escape. Figura 5

2.1.4 Componentes de um veículo a motor

Todos os veículos automóveis são constituídos por estes componentes de base":

- ► O motor
- ► A embraiagem
- ► A caixa de velocidades
- ► O veio de transmissão► A transmissão final

2.1.5 O motor

O motor é o principal componente de um veículo que produz a fonte de energia para o conduzir. O motor utiliza gasolina ou gasóleo para atingir o seu objetivo. Alguns veículos podem também utilizar gasolina e gás; estes veículos são designados por veículos híbridos.

2.2 A embraiagem

A embraiagem tem três funções básicas a desempenhar num veículo, que são

Para ligar um motor em funcionamento de forma suave e gradual ao sistema de transmissão
Permitir a mudança de velocidade quando o veículo está em movimento
Para permitir que o motor continue a funcionar quando um veículo é temporariamente parado em marcha com o pedal da embraiagem pressionado.

2.2.1 A caixa de velocidades

Um automóvel deve ser capaz de funcionar bem em muitos regimes de motor e cargas diferentes. Deve ser capaz de se afastar de uma posição de repouso de forma suave e fácil e acelerar bem. Deve também ser capaz de transportar peso extra ou passageiros quando necessário. Deve ser capaz de subir ou descer declives acentuados e fazer marcha-atrás. Para que o veículo possa efetuar todas estas tarefas, é necessária uma caixa de velocidades para desempenhar estas funções. Existem dois tipos de caixa de velocidades: a manual e a automática. A transmissão automática fornece um conjunto de mudanças que, em vez de serem selecionadas manualmente como numa caixa de velocidades manual, são selecionadas automaticamente. As velocidades do veículo e do motor, as cargas de condução e o estilo de condução influenciam o processo de seleção da mudança adequada. O condutor tem apenas de selecionar a direção em que pretende viajar (para a frente ou para trás) e a caixa de velocidades executa o resto da função de seleção.

2.2.2 O veio de acionamento ou o veio da hélice

O veio da hélice, por vezes designado por veio de transmissão, transmite o binário de tração da caixa de velocidades para a transmissão final ou para o eixo traseiro.

2.2.3 Transmissão final

A transmissão final é a parte do sistema de transmissão que fornece uma engrenagem de redução final e uma distribuição uniforme do binário do motor para as rodas de estrada. O objetivo de uma transmissão final é:

- Prever uma engrenagem de redução permanente para aumentar o binário disponível nas rodas.
- . Transmitir o acionamento através de um ângulo de 90 graus.

2.2.4 Outras partes de um veículo

A segurança de cada condutor começa com o veículo. Por conseguinte, é dever de cada condutor certificar-se de que o veículo que conduz é seguro. Um veículo em mau estado é inseguro e a sua manutenção é mais dispendiosa do que a de um veículo em bom estado. Pode avariar-se ou provocar uma colisão. Se um veículo estiver em mau estado, o condutor pode não conseguir sair de uma situação de emergência. Um veículo em bom estado pode dar ao condutor uma margem de segurança adicional quando é necessário.

2.2.5 Sistema de travagem

O travão é utilizado para parar o veículo. É muito perigoso se não estiver a funcionar corretamente. Se o sistema de travagem fizer muito barulho, emitir um odor invulgar ou se o pedal do travão for até ao chão, mande um mecânico autorizado verificar o sistema. Se o veículo puxar para um lado quando o travão é acionado, isso indica um problema no sistema de travagem e que este deve ser reparado.

2.3 O sistema de iluminação

As luzes são medidas de segurança ativa que são partes do sistema do veículo que garantem que não ocorrem acidentes na estrada. Todos os condutores se certificam de que os indicadores de mudança de direção, as luzes de travão, as luzes traseiras e os faróis estão a funcionar corretamente. Estes devem ser verificados a partir do exterior do veículo. As luzes de travão do veículo indicam aos outros utentes da estrada que o condutor está a parar, tal como fazem os sinais de mudança de direção. Um farol desalinhado pode brilhar onde não ajuda o condutor e pode cegar os outros condutores. Os faróis devem estar sempre em bom estado de funcionamento.

- Todos os condutores devem baixar ou diminuir a intensidade dos faróis quando se aproximam de outro veículo.
- Todos os condutores devem baixar ou diminuir a intensidade dos faróis quando seguem outro veículo
- Todos os condutores devem baixar a intensidade ou desligar os faróis quando o seu veículo está estacionário durante a noite.

2.3.1 Para-brisas, limpa para-brisas, janelas

É importante que os condutores consigam ver claramente através das janelas e do para-brisas. Limpe o gelo de todas as janelas antes de conduzir. Os limpa para-brisas mantêm a chuva afastada do para-brisas. Alguns veículos também têm limpa para-brisas para os vidros traseiros e para os faróis; os condutores devem certificar-se de que todos os limpa para-brisas estão em boas condições de funcionamento. Se as escovas não estiverem a limpar bem a água, devem ser substituídas. Manter a garrafa do lava-vidros cheia. Os condutores devem certificar-se de que o interior do para-brisas e as janelas também estão limpos. O sol forte ou os faróis num para-brisas sujo dificultam a visibilidade. O vidro danificado pode partir-se muito facilmente numa pequena colisão ou quando algo bate no para-brisas. Um para-brisas danificado deve ser substituído.

2.3.2 Automóvel moderno

Atualmente, os automóveis são mais seguros de conduzir do que há uma década atrás. Alguns dos aspectos de segurança são as pressões dos pneus. Sempre que um pneu recebe mais binário do que aquele que pode transferir para a estrada, o pneu perde tração e roda. Isto ocorre normalmente durante a aceleração, para evitar a rotação indesejada da roda; alguns veículos têm um sistema de controlo da tração (TCS). Quando a roda está prestes a rodar, o TCS aplica os travões na roda. Isto faz com que a roda abrande até que a probabilidade de a roda girar tenha passado.

O sistema de travagem antibloqueio (ABS) e o sistema de controlo de tração (TCS) têm muitas partes em comum. O sensor de velocidade da roda comunica a velocidade da roda ao módulo ABS/TCS. Quando uma roda abranda tão rapidamente que está prestes a derrapar, o ABS retém ou liberta a pressão de travagem dessa roda. Se a velocidade da roda aumenta tão rapidamente que a roda está prestes a rodar, o sistema de controlo de tração aplica o travão nessa roda. Isto abranda a roda e evita a sua patinagem. O TCS também pode reduzir o regime e o binário do motor, se os travões por si só não impedirem a patinagem da roda. Quando isto é necessário, o módulo de controlo ABS/TCS sinaliza o módulo de controlo do motor. Este retarda então a faísca e reduz a quantidade de combustível fornecida pelo injetor de combustível.

2.3.3 Segurança ativa e passiva dos veículos

Existem duas medidas de segurança na conceção dos veículos que reduzem os acidentes e as lesões causadas pelo tráfego rodoviário. São elas a segurança ativa ou primária e a segurança passiva ou secundária. A segurança ativa ou primária consiste em medidas destinadas a evitar a ocorrência de acidentes e inclui

- Travões, incluindo o sistema ABS
- Visibilidade
- Luz e buzina
- Conforto (ergonomia)
- Controlo ativo do automóvel

2.3.5 Segurança passiva ou secundária

Trata-se de medidas destinadas a minimizar os ferimentos em caso de acidente, que incluem

- Cinto de segurança e apoio de cabeça
- Airbags
- Barras de proteção lateral
- Direção rebatível

2.4 Manutenção de veículos e máquinas

Há um ditado geral que diz que "a deterioração é inerente a todas as coisas materiais" e isto não é menos verdade para os componentes gerais dos automóveis. Por conseguinte, a manutenção da segurança dos veículos e das máquinas foi sempre objeto de uma atenção especial por parte dos fabricantes de automóveis e de máquinas.

2.4.1 Manutenção preventiva

A manutenção preventiva diz respeito à substituição ou revisão programada dos componentes do veículo, quando, na opinião do fabricante, foi atingida uma vida útil razoável. Normalmente, o período programado para automóveis de passageiros e veículos comerciais ligeiros varia entre 40 000 e 60 000 milhas ou três anos.

2.4.2 Manutenção geral

- A manutenção de veículos pode ser agrupada em:
- Diário
- Semanal
- Mensal
- Anualmente.

2.4.3 Controlos diários do veículo

- Verificar o nível de água no sistema de arrefecimento.
- Verificar o nível do óleo do motor e, se necessário, atestar.
- Verifique se todos os espelhos estão ajustados à sua altura e posição de visão

2.4.4 Controlos semanais do veículo

- Verificar o nível de fluido dos travões no reservatório.
- Se necessitar de fluido, adicione o tipo melhorado e verifique se existem possíveis fugas em todo o sistema. Não encher demasiado.
- Uma descida súbita do nível do fluido indica uma fuga no sistema, que deve ser investigada e rectificada.

2.4.5 Controlos mensais dos veículos

Verificar mensalmente o líquido dos travões. Primeiro, limpe a sujidade da tampa do reservatório do cilindro principal do travão. Retire o clipe de retenção e remova a tampa ou desaperte a tampa de plástico, dependendo do tipo do seu veículo. Se necessitar de fluido, adicione o tipo melhorado e verifique se existem possíveis fugas em todo o sistema. Não encher demasiado. Inspecionar mensalmente as mangueiras e as correias. Se uma mangueira tiver mau aspeto ou estiver demasiado mole, deve ser substituída. Verifique mensalmente o fluido da transmissão com o motor quente e a funcionar e com o travão de mão acionado. Mude para a condução e depois para o parque. Retire a vareta, seque-a, introduza-a e retire-a novamente. Adicione o tipo de fluido aprovado, se necessário. Nunca encha demasiado. Verifique o nível do fluido da direção assistida uma vez por mês. Verifique-o retirando a vareta do reservatório. Se o nível estiver baixo, adicione fluido e inspeccione a bomba e as mangueiras quanto a fugas.

2,5 A cada 1000 milhas (16000km)

Regule os travões de tambor, a menos que, obviamente, exista um ajuste automático para os mesmos A cada 5000 milhas (8000km) quilómetros, retire os tambores dos travões e verifique o desgaste das guarnições, que não devem estar desgastadas até ao rebite. No caso dos revestimentos delimitados, estes não devem estar desgastados a menos de 1,5 mm (1/16 in) do metal.

2.5.1 De 18 em 18 meses a 2 anos

- Renovar o fluido do sistema de travagem.
- Nota: em todos os calendários de manutenção acima referidos, deve ser consultado o manual do fabricante.
- Inspeccione as escovas do limpa para-brisas sempre que limpar o para-brisas. Não espere até que a borracha esteja gasta ou quebradiça para as substituir. Devem ser substituídas pelo menos uma vez por ano

2.5.2 Amortecedores de choque

Procure sinais de infiltração de óleo nos amortecedores, teste a ação dos amortecedores fazendo o carro saltar para cima e para baixo. O carro deve parar de balançar quando se afasta. Os amortecedores gastos ou com fugas devem ser substituídos. Substitua sempre os amortecedores aos pares.

2.5.3 Tipos de estilos de carroçaria

O estilo da carroçaria do automóvel descreve a localização do motor, da caixa de velocidades e do eixo traseiro no veículo, bem como o número de portas utilizadas. Seguem-se o tipo e o estilo do tipo de automóvel;

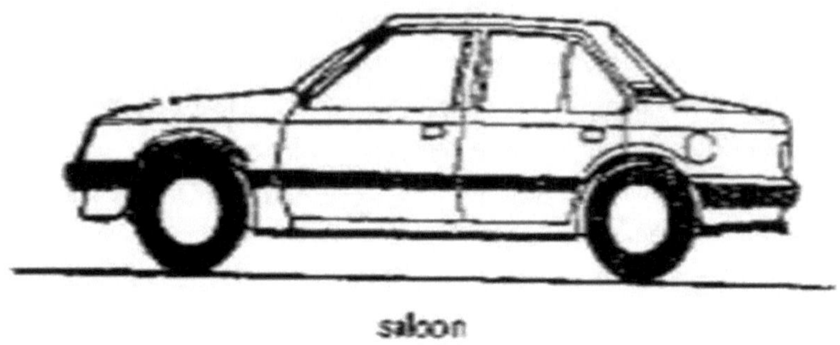

saloon

Saloon: este tipo de automóvel é um automóvel coberto de duas ou quatro portas para quatro ou mais pessoas.

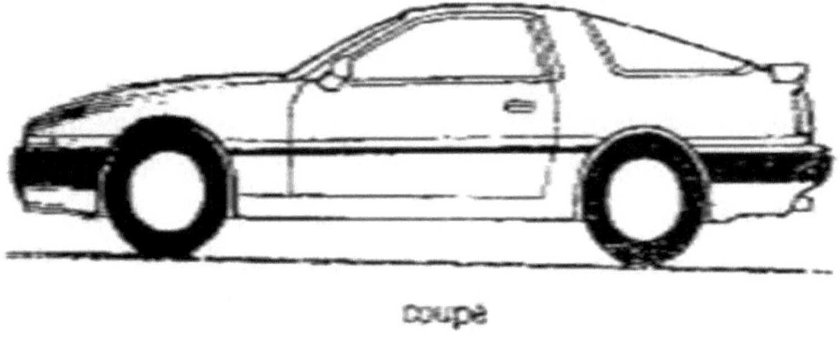

coupè

Coupé

Geralmente, este tipo de veículo é de duas portas, tem um teto rígido e destina-se a duas pessoas, um condutor e um passageiro.

Carrinha: Este tipo de carrinha tem o tejadilho estendido para a retaguarda para aumentar a capacidade interna. Ao rebater os bancos traseiros, obtém-se uma grande superfície de piso para o transporte de bagagens ou mercadorias.

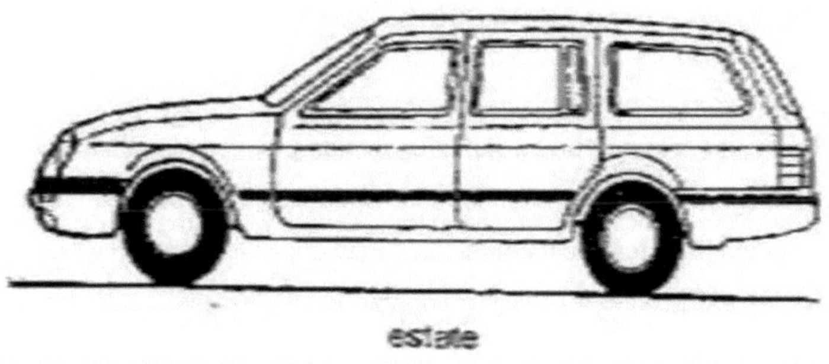

estate

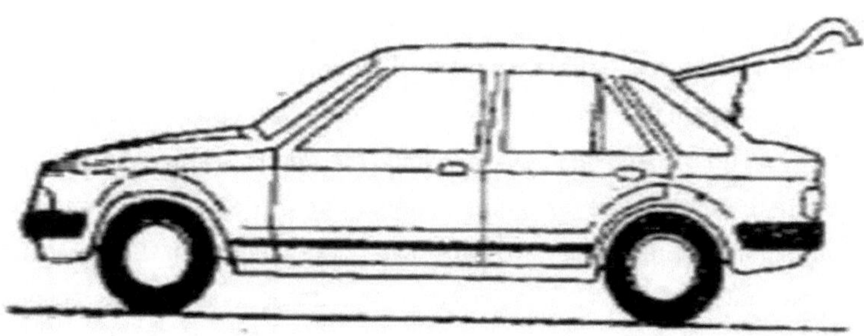

Hatchbac K: Trata-se de um hatch-back: este tipo está a meio caminho entre uma berlina e uma carrinha. Contando a porta traseira como uma porta, este carro é fabricado em versões de três e cinco portas.

MÓDULO 3: O CÓDIGO DA ESTRADA E OS REGULAMENTOS RODOVIÁRIOS

O que é uma autoestrada?

Uma autoestrada é qualquer estrada, rua ou via, quer seja de propriedade pública ou privada, aberta à circulação pública. A sinalização rodoviária é utilizada para controlar, avisar e orientar os utentes da estrada em pontos ou zonas específicas e as marcas rodoviárias são utilizadas para controlar, avisar e orientar os utentes da estrada de forma contínua ao longo da mesma.

3.1 Código da Estrada

Um código é um conjunto de leis organizadas num sistema de sinais. Uma forma de sinal numa escrita secreta. Trata-se de um sistema de palavras, números ou sinais utilizados para enviar mensagens secretas. Colocar uma mensagem em código é codificá-la. E traduzi-la de volta do código é descodificá-la. Um código dá ordens. (Uma ordem dada com autoridade). Um documento legal que diz o que alguém pode ou não fazer. É um símbolo escrito que tem um significado particular. Por exemplo, % percentagem, £ libra, sinal de subtração, χ sinal de multiplicação. O objetivo do código da estrada é evitar acidentes, fazendo com que todos adoptem as mesmas regras e regulamentos. Existe para facilitar a vida, fornecendo informações, alertando para os problemas e dizendo-nos o que podemos e não podemos fazer. Cria uniformidade na forma como as pessoas actuam. Conhecer os sinais e as indicações não é suficiente, é fundamental ser capaz de os detetar, interpretar a sua relevância e agir em conformidade com eles na condução quotidiana. Por isso, é necessário explicar o que significa, de facto, agir de acordo com os sinais.

Existem três formas básicas de sinais de trânsito.

- O círculo dá ordens
- O triângulo dá o alerta
- Os rectângulos dão informações

O círculo azul indica-lhe o que DEVE FAZER.

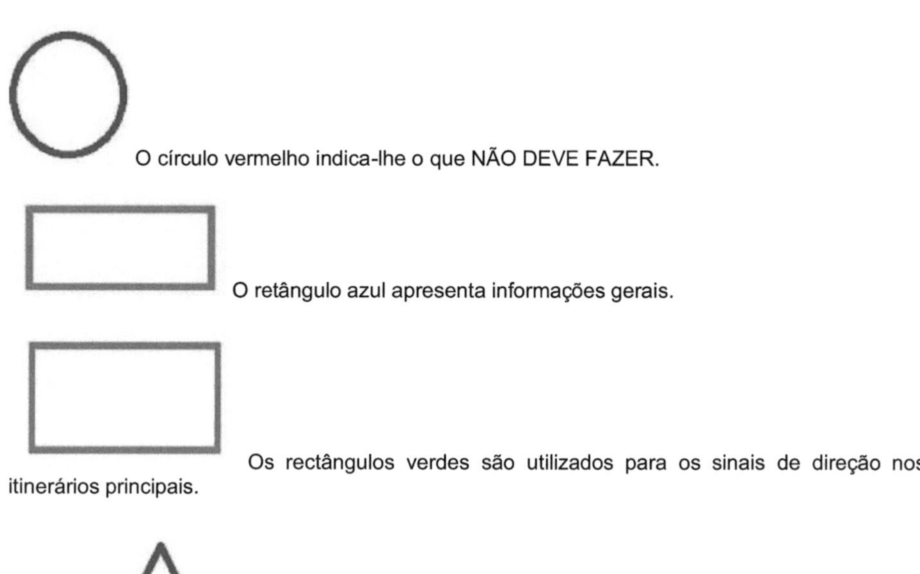

O círculo vermelho indica-lhe o que NÃO DEVE FAZER.

O retângulo azul apresenta informações gerais.

Os rectângulos verdes são utilizados para os sinais de direção nos itinerários principais.

Os rectângulos brancos são utilizados para sinais de direção num itinerário não primário, ou para placas utilizadas em combinação com sinais de aviso e de regulamentação.

O triângulo avisa-o

A sinalização rodoviária deve ser devidamente estudada, compreendida e observada em todas as circunstâncias por todos os condutores. Este livro apresenta-lhe os sinais, as marcas, os sinais, os direitos de passagem e os limites de velocidade com que se depara na sua atividade diária como condutor. Em todo o lado onde conduz, verá sinais de trânsito e marcações pintadas na estrada. Estão lá para o ajudar e só o podem fazer se compreender o seu significado. Num troço reto de estrada, verá frequentemente linhas curtas brancas pintadas no centro com longos intervalos entre elas. Isto é chamado de MARCAÇÕES DA LINHA CENTRAL onde um condutor é autorizado a ultrapassar se puder ver claramente, à medida que a estrada se aproxima de uma curva ou de um cruzamento, as LINHAS BRANCAS ficam mais longas e os intervalos são reduzidos. Estas são LINHAS

DE AVISO DE PERIGO e avisam-no de um perigo potencial à sua frente. Como condutor seguro, deve reduzir a velocidade e ter cuidado extra quando vir estas linhas de perigo. Quanto mais tinta houver na estrada, mais perigos é provável que encontre. Esta tinta adicional é a LINHA SÓLIDA "NÃO CRUZAR/PASSAR". Pode ser encontrada no cume de uma colina e em CURVAS OU uma linha contínua SÓLIDA pode ser encontrada numa estrada reta e nivelada à esquerda da estrada em que se encontra. Sempre que a encontrar numa estrada reta e plana, haverá uma estrada secundária à sua esquerda. Por isso, não pode ultrapassar nessa zona. Tente concentrar-se e manter-se acordado durante todo o tempo em que estiver a conduzir. Utilize os sinais de trânsito e as marcações para avaliar o que está à sua frente. Olhe à sua volta para detetar possíveis problemas e reduza a velocidade quando a sua visão é limitada ou quando o seu espaço é reduzido. Desta forma, evitará acidentes. Mantenha-se seguro e proporcione aos seus passageiros uma condução confortável e confiante.

3.1.1 Infracções e sanções

Infracções	**Pena máxima**
Condução perigosa	600 GH¢ e/ou 7 anos de prisão

Condução descuidada Conduzir sob a influência de álcool ou de drogas. Segurar-se, entrar ou sair de um veículo em movimento Violação de sinais de trânsito proibitivos Não parar ao sinal de um polícia ou de outro pessoal autorizado. Estacionamento incorreto (por exemplo, estacionar a menos de 15 metros de um sinal de proibição de estacionamento, a menos de 30 metros de um cruzamento ou numa passagem para peões ou ferroviária). Deixar veículos ou reboques em posições perigosas.	2.400 GH¢ e/ou até 3,3 anos de prisão 2.400 GH¢ e/ou até 3,3 anos de prisão 120 GH¢ e/ou até 4 meses de prisão . 120 GH¢ e/ou até 4 meses de prisão 300 GH¢ e/ou até 8 meses de prisão 300 GH¢ e/ou até 8 meses de prisão 300 GH0 e/ou até 8 meses de prisão
Conduzir com travões, pneus e caixa de direção defeituosos.	300 GH¢ ou até 1,5 meses de prisão
Conduzir sem possuir uma carta de condução ganesa ou internacional válida para a classe do veículo que está a ser conduzido.	300 GH¢ e/ou 8 meses de prisão
Utilizar um veículo ou reboque não registado.	300 GH¢ e/ou 8 meses de prisão

Não fixar um número de matrícula no veículo ou no reboque, ou obscurecer os números de matrícula	120 GH¢ e/ou 4 meses de prisão

3.1.2 Sinais de trânsito, marcas rodoviárias e seu significado Sinais de trânsito

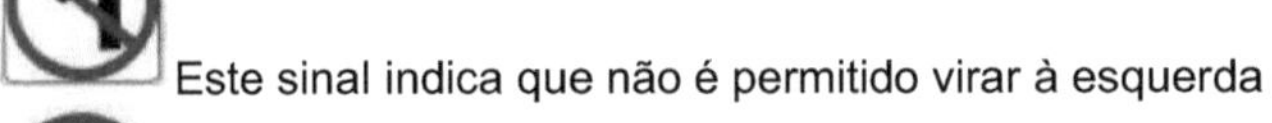

Este sinal indica que não é permitido virar à esquerda

Este é um trânsito de sentido único, não entrar em qualquer altura. Procurar uma estrada alternativa

SIGNIFICADO: Parar completamente; ceder o direito de passagem aos veículos e peões que se encontrem no cruzamento ou se aproximem dele. Avançar quando for seguro. Deve parar antes da linha de paragem, se existir uma. Caso contrário, deve parar antes de entrar na passadeira.

SIGNIFICADO: Abrande ao aproximar-se do cruzamento. Prepare-se para parar e ceder o direito de passagem aos veículos e peões que se encontram no cruzamento ou que se aproximam dele. Deve parar completamente num sinal de YIELD se as condições de trânsito o exigirem. Quando se aproxima de um sinal de YIELD, verifique cuidadosamente se há trânsito e prepare-se para parar.

Semáforo

Os semáforos são normalmente vermelhos, amarelos e verdes de cima para baixo, ou da esquerda para a direita. Nalguns cruzamentos, há apenas um semáforo vermelho, amarelo ou verde. Alguns semáforos são fixos, outros piscam. Alguns são circulares e

outros são setas. A lei exige que, se os semáforos ou controlos estiverem fora de serviço ou avariados quando se aproxima de um cruzamento, deve parar como faria com um sinal de stop. De seguida, deve proceder de acordo com as regras de direito de passagem,

Estes sinais dizem-lhe o que não deve fazer

Este sinal indica-lhe que não pode virar à direita.

Este sinal significa que é proibido virar à esquerda.

Este sinal significa que a sua velocidade máxima deve ser de 50 km/h.

Este sinal indica-lhe que é proibido fazer inversão de marcha na estrada

Este sinal indica-lhe que não é permitido parar.

Este sinal indica que não é permitido estacionar.

Este sinal diz-lhe para não ultrapassar.

Este sinal é proibido a ultrapassagem por veículos pesados.

Este sinal está a dizer que não é permitida a entrada a todos os ca r.

Não se trata de uma entrada para veículos de mercadorias.

Não é permitida a entrada de veículos de mercadorias com mais de 10 metros de comprimento

Esta não é uma entrada para reboque s.

Esta não é uma entrada para buse s.

Esta não é uma entrada para motociclos

Esta não é uma entrada para veículos agrícolas

Esta não é uma entrada para carrinhos de mão

Esta não é uma entrada para ciclistas.

Esta não é uma entrada para peões.

Esta não é uma entrada para veículos com mais de 3,5 metros.

Não é permitida a entrada de veículos com mais de 5 toneladas.

Esta não é uma entrada para veículos com mais de 2 metros de largura.

Este sinal significa que é proibido tocar a buzina.

Este sinal significa barreira alfandegária ahea d.

Sinal de aviso na estrada

Sinais de trânsito que indicam o que deve fazer quando os vê

Este sinal diz-lhe para se manter à direita.

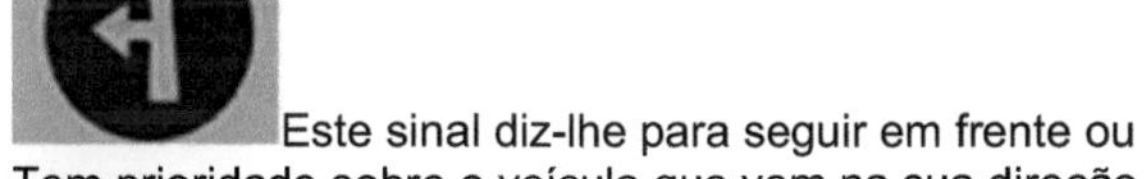

Este sinal diz-lhe para seguir em frente ou virar à esquerda

Tem prioridade sobre o veículo que vem na sua direção

Isto diz-lhe para virar à direita

Trata-se de uma rotunda obrigatória

Isto está a dizer-lhe para continuar à esquerda

Isto indica-lhe que está prestes a entrar numa autoestrada

Este sinal significa estrada estreita à frente

SINAL DE AVISO

Isto está a dizer-vos para se curvarem para a direita

Isto indica-lhe que há uma estrada sinuosa à sua frente e que deve reduzir a velocidade

Isto diz-lhe que a estrada está escorregadia e que deve reduzir a velocidade

Isto significa que a estrada tem uma subida acentuada.

Esta é uma curva acentuada para a esquerda

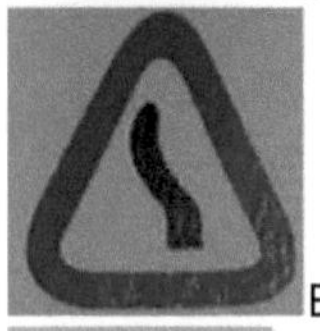
Esta é uma curva inversa acentuada

Esta é uma ponte estreita, antecipar a chegada de veículos

Esta é uma colina íngreme para baixo

Isto significa que temos pela frente um caminho perigoso e profundo

 Este é um caminho estreito

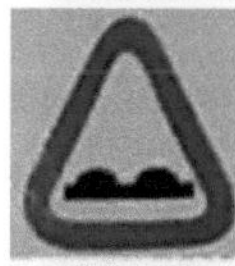 Esta é a rampa de velocidade à frente

Este é um sinal de stop, pare e dê passagem ao tráfego em sentido contrário

 Este sinal significa que há uma ciclovia à frente

 Este sinal significa que um peão pode estar a caminhar ao longo da estrada

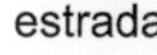

Estes sinais indicam a existência de passadeiras para peões, reduza a velocidade e prepare-se para dar passagem ao peão

 Este sinal significa que há uma curva dupla à frente

 Este sinal significa que há um túnel à frente

Este sinal é um sinal de trânsito de dois sentidos que atravessa uma estrada de um sentido

Este sinal diz-lhe para seguir em frente ou virar à esquerda

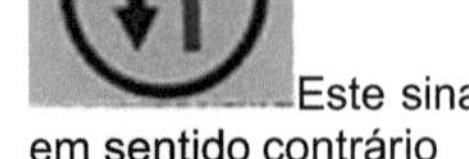Este sinal indica-lhe que a seta azul tem prioridade sobre o veículo que vem em sentido contrário

Esta é uma zona de paragem obrigatória

Este sinal diz-lhe para virar à direita

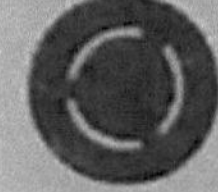Trata-se de uma rotunda obrigatória

esta é uma via de acesso a uma estrada alternativa

Este sinal diz-lhe para se manter à direita

Este sinal diz-lhe para virar à direita

É o fim das restrições

MÓDULO 4: DICAS DE SEGURANÇA RODOVIÁRIA

Enquanto condutor, existem alguns conselhos que o ajudarão no seu trabalho profissional diário. Se seguir estes conselhos, será sempre um bom condutor e ajudará aqueles que exercem a sua profissão.

- Ao conduzir, mantenha os olhos em constante movimento, observando a estrada à frente e ao lado.
- Verifique os espelhos retrovisores de cinco em cinco segundos, aproximadamente. Quando utiliza espelhos retrovisores, existe uma área em cada lado do seu veículo onde não consegue ver. Poderá não ver pessoas ou veículos quando estes se encontram nestes pontos. (ângulo morto) Certifique-se de que vê os outros condutores e que eles o vêem, fazendo o seguinte:
- Manter uma visão clara durante a condução.
- Não coloque nada nas suas janelas que bloqueie a sua visão.
- Os vidros não devem ser revestidos com qualquer material que impeça a visão em qualquer direção. Os vidros do para-brisas ou da porta da frente também não devem ser revestidos para impedir que alguém veja o interior do veículo.
- Verifique e ajuste os seus espelhos retrovisores e descubra os seus ângulos mortos.
- Verifique os seus ângulos mortos virando a cabeça para olhar por cima do ombro antes de mudar de faixa, passar, virar ou antes de abrir a porta quando estiver estacionado junto ao trânsito.
- Ao mudar de faixa, verifique os seus espelhos retrovisores para ver se existe um espaço no trânsito onde possa entrar em segurança.
- Verifique o seu ângulo morto, olhando por cima do ombro na direção da mudança de faixa.
- Sinalize quando quiser deslocar-se para a esquerda ou para a direita. Verifique novamente se o caminho está livre e dirija-se gradualmente para a nova faixa, mantendo a mesma velocidade ou aumentando-a suavemente.

• Mantenha-se afastado dos ângulos mortos dos outros condutores, especialmente de veículos grandes como camiões.

• Ter cuidado redobrado para se certificar de que o caminho está livre atrás de si quando recua

- Conduzir com as duas mãos no volante
- Usar sempre o cinto de segurança

4.1 Cedência do direito de passagem

Há alturas em que tem de ceder o direito de passagem. Isto significa que tem de deixar outra pessoa passar primeiro. Seguem-se algumas regras sobre quando deve ceder o direito de passagem:

- Num cruzamento sem sinais, deve ceder o direito de passagem a qualquer veículo que se aproxime pela esquerda.
- Num cruzamento com sinais de paragem em todas as esquinas, deve ceder o direito de passagem ao primeiro veículo a parar completamente. Se dois veículos pararem ao mesmo tempo, o veículo da direita deve ceder a prioridade ao veículo da esquerda.
- Em qualquer cruzamento onde pretenda virar à esquerda ou à direita, deve ceder o direito de passagem. Se estiver a virar à esquerda, deve esperar que o tráfego que se aproxima passe ou vire e que os peões no seu caminho atravessem. Se estiver a virar à direita, deve esperar que os peões atravessem se estiverem no seu caminho.
- Um sinal de cedência de passagem significa que deve abrandar ou parar, se necessário, e ceder o direito de passagem ao tráfego no cruzamento ou na estrada de cruzamento.
- Ao entrar numa estrada a partir de uma estrada privada ou de uma entrada de garagem, deve ceder a passagem aos veículos na estrada e aos peões no passeio.
- Deve ceder o direito de passagem aos peões que atravessam nas passadeiras especialmente assinaladas.
- Lembre-se que a sinalização não lhe dá o direito de passagem. Deve certificar-se de que o caminho está livre.

4.1.1 Manter uma distância de segurança

Se seguir um camião de perto, está a conduzir às cegas. Não consegue ver à volta do camião e o condutor do camião não o consegue ver nos espelhos retrovisores. Nunca siga um camião com um intervalo de tempo inferior a três segundos. Para verificar a sua distância de seguimento, escolha um ponto de referência na berma da estrada. Quando a traseira do camião passar por esse ponto, conte "um milhar, dois milhar, três milhar" a um ritmo normal. Se passar pelo mesmo ponto antes de ter terminado de contar "três mil e um", está a seguir o camião demasiado de perto. Quanto mais distância mantiver entre si e os outros, mais tempo terá para reagir. Este espaço é como uma ALMOFADA DE SEGURANÇA. Quanto mais espaço tiver, mais seguro pode ser. Quando entrar no trânsito, tente entrar à mesma velocidade a que o trânsito está a circular. As estradas de alta velocidade têm geralmente rampas que lhe dão tempo para aumentar a sua velocidade. Utilize a rampa para atingir a velocidade dos outros veículos antes de entrar na estrada...

4.1.2 Distância de paragem

Os veículos de grandes dimensões - especialmente os tractores e reboques - demoram muito mais tempo a parar do que um automóvel que circula à mesma velocidade. A diferença deve-se principalmente ao atraso dos travões, que é exclusivo dos camiões. Os travões pneumáticos que transmitem a potência de travagem do trator para o reboque estão sujeitos a um atraso que pode acrescentar muitos metros à distância de travagem. Uma boa estratégia é deixar bastante espaço entre o seu carro e o camião. Se estiver a conduzir à frente de um camião, indique antecipadamente a sua intenção de virar ou mudar de faixa. Evite movimentos bruscos.

4.1.3 Distância de visibilidade

A manobra segura e eficaz dos veículos na estrada depende em grande medida da visibilidade da estrada à frente do condutor. A distância que o condutor consegue ver enquanto conduz é conhecida como distância de visibilidade.

4.1.4 Três tipos de distância de visibilidade

- Distância de visibilidade de paragem (SSD) ou a distância de visibilidade mínima absoluta.
- Distância de visibilidade de ultrapassagem (OSD) para uma operação de ultrapassagem segura
- A distância de visibilidade dos faróis é a distância visível para um condutor durante a condução nocturna sob a iluminação dos faróis.

4.1.5 Distância de visibilidade de paragem

A distância de visibilidade de paragem (SSD) é a distância necessária para parar um veículo antes de este embater num objeto parado ou em movimento lento na faixa de rodagem. Existe um termo chamado distância de paragem segura, que é a distância que um veículo percorre desde o ponto em que uma situação é percebida pela primeira vez até ao momento em que a desaceleração está completa.

4.2 Tempo de reação

O tempo de reação de um condutor é o tempo que decorre entre o momento em que o objeto é visível para o condutor e o momento em que os travões são acionados, e é de cerca de 1,5 s a cerca de 2,5 s.

4.2.1 Factores que afectam o tempo de reação de um condutor

- Velocidade do veículo
- Eficiência dos travões
- Resistência de atrito entre o pneu e a estrada
- Declive da estrada.

4.2.2 Reduzir os riscos

Como condutor, tem de cooperar para manter o tráfego a circular em segurança. Deve ser previsível - fazendo o que os outros utentes da estrada esperam que faça. Deve ser cortês e deve ser capaz de ver situações perigosas antes de elas acontecerem e de responder rápida e eficazmente para as evitar. Esteja sempre na sua via de condução

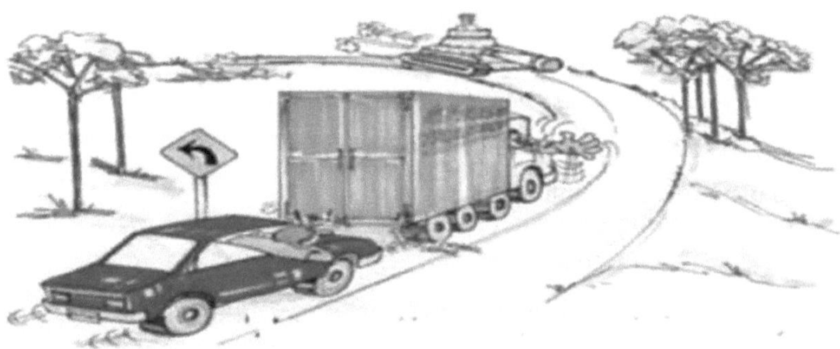

4.2.3 Como reduzir os seus riscos

- Use sempre o cinto de segurança, esteja atento ao trânsito à sua volta, olhando para a frente, para trás e de um lado para o outro, e certifique-se de que os outros utentes da estrada o vêem e sabem o que está a fazer

- mantenha uma distância segura dos outros veículos verifique os seus espelhos retrovisores e descubra os seus ângulos mortos - e não conduza nos ângulos mortos dos outros condutores
- Não mude de faixa repentinamente, use os seus sinais
- ao parar, verificar os espelhos, começar a travar cedo e parar suavemente
- Não encha o seu espaço de condução com passageiros ou objectos
- mantenha-se à direita da estrada ou na faixa da direita em estradas com várias faixas, exceto se pretender virar à esquerda ou ultrapassar outro veículo
- Abrande ao chegar aos cruzamentos e preste atenção aos semáforos, peões e ciclistas.

4.2.4 Conduzir **dentro do limite de velocidade**

- Respeite o limite máximo de velocidade indicado nos sinais ao longo das estradas e auto-estradas, mas conduza sempre a uma velocidade que lhe permita parar em segurança.
- Regra geral, conduza à mesma velocidade que o tráfego à sua volta, sem ultrapassar o limite de velocidade.
- Nas cidades, vilas, aldeias e zonas urbanas onde não há sinais de limite de velocidade, a velocidade máxima é de 50 km/h. Nos outros locais, o limite máximo de velocidade é de 80 km/h.
- Reduza a sua velocidade em caso de mau tempo e de trânsito intenso.
- Reduza a velocidade quando conduzir à noite, especialmente em estradas sem iluminação.
- Seguir a uma distância segura, pelo menos dois segundos atrás do veículo que segue à sua frente.
- Partilhe a estrada com os motociclos - em quase metade de todas as colisões com motociclos, a culpa é do condutor e não do motociclista.
- Certifique-se de que é seguro avançar antes de o fazer, verificando os seus espelhos retrovisores e à volta do seu automóvel.
- Abrande ao chegar a um cruzamento e preste atenção ao trânsito, aos sinais de cedência de passagem, aos sinais de paragem, aos semáforos, aos ciclistas e aos peões.
- Seja extremamente cauteloso quando virar à esquerda em frente a um motociclo. É difícil avaliar a sua velocidade e o sinal de mudança de direção pode ser acidentalmente deixado ligado, uma vez que não se desliga automaticamente.

4.2.5 REGRAS DE ESTACIONAMENTO

O estacionamento na berma da estrada está legalmente dividido em três categorias: **Estacionar, permanecer de pé** e **parar**.

Um sinal de **NO PARKING** significa que só pode parar temporariamente para carregar ou descarregar mercadorias ou passageiros.

Um sinal **NO STANDING** significa que só pode parar temporariamente para carregar ou descarregar passageiros.

Um sinal de **NÃO PARAR** significa que só pode parar para obedecer a um sinal de trânsito, sinal ou agente, ou para evitar conflitos com outros veículos.

4.3 Cortesias rodoviárias

Estas simples cortesias rodoviárias evitarão a raiva na estrada e torná-lo-ão um condutor mais seguro na estrada.

1. O condutor de um veículo mais rápido na faixa de rodagem deve sinalizar a sua intenção de ultrapassar o veículo mais lento na mesma faixa, ligando o seu indicador de mudança de direção durante alguns segundos antes de ultrapassar o veículo lento.

2. O veículo em movimento mais lento deve permitir que o veículo em movimento mais rápido o ultrapasse, reduzindo a sua velocidade

3. Se o condutor mais lento não responder, o condutor mais rápido deve acender brevemente o farol para chamar a atenção do condutor mais lento.

4. Não tente acelerar quando vir um condutor a tentar ultrapassá-lo

5. Sinalizar as suas intenções ao fazer uma curva ou mudar de faixa

6. Informe os outros condutores do que tenciona fazer.

7. Mantenha o seu veículo sempre em bom estado.

8. Seguir os procedimentos de manutenção recomendados

9. Verifique frequentemente os pneus e mantenha o seu veículo limpo

10. Pratique a cortesia na faixa de rodagem sempre que conduzir

11. Não insulte o outro condutor, mesmo que esteja zangado

12. Evitar distracções

4.3.1 Aerodinâmica dos veículos e condução eficiente em termos de combustível

O termo aerodinâmica pode ser definido como a ciência do ar em movimento. Quanto mais rápido um veículo se desloca, mais combustível consome, porque a resistência do ar aumenta à medida que a velocidade do ar aumenta. O excesso de velocidade pode reduzir o consumo de combustível até cerca de 33% em autoestrada e 5% em cidade.

O consumo de combustível aumenta acima dos 90 km/h. Pode assumir-se que cada 8 km/h que se conduz acima dos 80 km/h equivale a pagar mais 24% do custo do combustível. O aumento da velocidade aumenta a resistência aerodinâmica (resistência ao vento). Um automóvel com um tejadilho ou uma carga grande e romba pode reduzir a sua economia de combustível:

- 2% e 8% em condução urbana.
- 6% a 17% em condução em autoestrada.
- Evite guardar objectos desnecessários no seu automóvel, ou seja, sobrecarregar. Um peso extra de 100 libras no seu automóvel pode reduzir a sua quilometragem por galão até cerca de 2%. Isto afecta mais os carros mais pequenos do que os maiores.
- Evitar o ralenti excessivo - o ralenti de um carro durante muito tempo pode consumir até um quarto a meio galão de combustível por hora, dependendo do tamanho do motor e da utilização do ar condicionado.
- Desligue o motor quando o seu carro estiver estacionado, pois são necessários apenas alguns segundos de combustível para reiniciar o motor do seu veículo. Utilize engrenagens de sobremarcha - quando utiliza engrenagens de sobremarcha, a velocidade do motor do seu carro diminui. Isto poupa combustível e reduz o desgaste do motor.
- Se vai parar durante mais de 30 segundos, exceto no trânsito, desligue o motor.
- Um pneu com pressão insuficiente pode provocar um aumento do consumo de combustível até 6%. Verifique a pressão dos pneus pelo menos uma vez por mês, quando os pneus estiverem frios, ou seja, quando o veículo não tiver sido conduzido durante mais de três horas ou 2 km.
- Passar para a velocidade máxima o mais rapidamente possível, sem acelerar mais do que o necessário.
- Conduzir numa mudança inferior à necessária desperdiça combustível, tal como deixar o motor trabalhar na velocidade máxima em subidas e curvas.
- A utilização do ar condicionado do veículo em tempo quente pode aumentar o consumo de combustível até 10% em condução urbana.

- Enquanto condutor, é frequente ter de acionar os travões para parar completamente o veículo. No entanto, ao antecipar o trânsito, abrande o mais cedo possível, diminua a sua velocidade, poupe combustível e poupe dinheiro, tirando simplesmente o pé do pedal do acelerador.

4.3.2 Acidentes de viação

Os estudos indicam que cerca de 93% de todos os acidentes rodoviários estão relacionados com o ser humano. Seguem-se as causas dos acidentes de viação.

4.3.3 Causas dos acidentes de viação

- Velocidade inadequada e excessiva
- Condução sob o efeito do álcool
- Fadiga
- Ser um utilizador vulnerável da estrada em zonas residenciais
- Viajar na escuridão
- Sobrecarga
- Seguir na cauda de outros veículos (demasiado perto)
- (Factores do veículo), tais como travões defeituosos
- Má conceção das estradas
- Má visibilidade
- Visão deficiente

4.3.4 O que precisa de saber sobre o cinto de segurança

Os cintos de segurança são concebidos para reter os condutores e passageiros nos seus lugares durante um acidente; o cinto é concebido para limitar o movimento do ocupante, gerindo simultaneamente a energia transmitida ao ocupante, de modo a reduzir a probabilidade de ferimentos graves ou mortais. Nos veículos modernos, os cintos são concebidos para funcionar como parte de um sistema mais vasto de retenção dos ocupantes.

1. O cinto de segurança poderia reduzir o risco de lesões para os condutores em 57% a uma velocidade inferior e em 48% a uma velocidade superior.
2. O cinto de segurança poderia reduzir o risco de lesões para todos os ocupantes em 63% a uma velocidade inferior e 55% a velocidades superiores.
3. Os cintos de segurança são 50% eficazes na prevenção de ferimentos mortais para

os condutores e 25% eficazes na prevenção de ferimentos ligeiros.

4.3.5 Utilização correta do cinto de segurança

Para usar o cinto de segurança em segurança, é necessário respeitar os seguintes pontos;

1. O cinto deve ser usado o mais apertado possível, sem folga
2. O cinto subabdominal deve passar sobre a região pélvica e não sobre o estômago
3. A correia diagonal deve ser colocada sobre o ombro e não sobre o pescoço
4. Nada deve obstruir o movimento suave da correia, prendendo-a.

Utilização correta do cinto de segurança

4.4 Evitar o tailgating

Seguir na cauda do veículo é conduzir demasiado perto do veículo da frente, o que constitui um comportamento de condução perigoso, pode resultar num acidente e é também uma infração de condução.

A prática de "Tailgating" é uma infração

MÓDULO 5: MANUTENÇÃO DE VEÍCULOS E CONTROLO TÉCNICO

O Ministério dos Transportes tem um controlo obrigatório no país: o controlo do certificado de aptidão para a circulação rodoviária. Todos os veículos particulares no país são obrigados por lei a submeter-se a este controlo de um em um ano para verificar se a sua utilização na estrada é permitida. Os veículos comerciais também são obrigados, pela mesma lei, a submeter-se a este exame de seis em seis meses. O objetivo é reduzir os acidentes de viação e os ferimentos a eles associados na estrada. O controlo destina-se a garantir que os travões, a direção, os pneus e o equipamento de iluminação do veículo satisfazem os requisitos mínimos no que diz respeito ao seu estado, funcionamento e regulação correta.

5.1.1 Conselhos a ter em conta ao enviar o seu veículo para o controlo de aptidão para a circulação

- Certifique-se de que não há ruído sob o chassis
- Certifique-se de que o seu motor não tem fugas de óleo e que está devidamente limpo
- Certificar-se de que todos os sistemas de iluminação, incluindo todos os traficantes, estão em boas condições de funcionamento.
- Certifique-se de que todos os seus espelhos estão corretamente ajustados
- Certifique-se de que o seu sistema de travagem está a funcionar
- Assegurar-se de que a buzina está em bom estado de funcionamento
- Certificar-se que os pneus estão corretamente cheios
- Certificar-se que os pneus não têm fissuras nem cortes
- Certificar-se que a profundidade da rosca do pneu não é inferior a do que 1,6 mm
- Certificar-se que o seu carro está bem lavado ecombonito.

5.1.2 Cuidados com os pneus

Os pneus gastos ou carecas podem aumentar a distância de paragem e dificultar a viragem quando a estrada está molhada. Pneus desequilibrados e de baixa pressão causam um desgaste mais rápido dos pneus, reduzem a economia de combustível e tornam o veículo mais difícil de dirigir e parar. Se o veículo balançar, o volante tremer ou o veículo puxar para um lado, mande um mecânico verificar. Os pneus gastos aumentam o efeito de "hidroplanagem" e aumentam a probabilidade de ter um pneu furado. Verifique a pressão de ar dos pneus com um medidor de pressão de ar quando os pneus estão frios. Uma das melhores formas de melhorar o comportamento dos seus veículos é verificar eficazmente as rodas e os pneus. Os ajustes são normalmente efectuados para reduzir a sobreviragem e a subviragem.

Não reduzir ou aumentar a pressão dos pneus quando o pneu está quente.

Sobreviragem: é quando a traseira de um veículo perde aderência antes da frente do veículo numa situação de curva

Subviragem: é o oposto. É quando a frente de um veículo perde aderência antes da traseira do veículo. Para o condutor, a subviragem parece que o veículo está a resistir a virar para uma curva . Isto é preferível à sobreviragem, que é perigosa.

5.1.3 Cuidados com os pneus

Mistura de pneus

Não misturar indiscriminadamente pneus no seu veículo; a mistura indiscriminada de pneus de construção e caraterísticas diferentes pode provocar acidentes graves. Existem dois tipos principais de pneus de uso geral. A lona cruzada e a lona radial. A lona radial tem uma boa força de aderência e mantém-se firme na estrada. Ao misturar um pneu, os pneus de lona cruzada devem estar na frente e os pneus radiais na traseira. Os radiais promovem a subviragem. Os pneus do mesmo tipo e piso devem ser sempre montados num eixo. Para garantir um desgaste uniforme dos pneus, alguns fabricantes recomendam que a roda seja mudada em intervalos de cerca de 5000 km, colocando o pneu sobresselente em circulação, por exemplo, pneu sobresselente para a traseira do lado de fora, traseira do lado de fora para a frente do lado próximo, frente do lado próximo para a traseira do lado próximo, traseira do lado próximo para a frente do lado de fora, frente do lado de fora para o pneu sobresselente. A mistura de desenhos de pneus no mesmo eixo pode provocar um mau comportamento do veículo e uma travagem perigosa.

5.1.4 Pneu com pressão insuficiente

A sub-inflação do pneu ocorre quando a pressão do pneu é inferior à recomendada pelo fabricante do pneu. Isto faz com que a parede lateral do pneu se projecte para fora, resultando num mau contacto entre o pneu e a superfície da estrada. O desgaste ocorre nos bordos exteriores do pneu. Os pneus com pressão insuficiente, até 25%, correm o risco de sobreaquecimento, levando a falhas que afectam negativamente o comportamento do veículo e a vida útil do piso.

5.1.5 Pneu com excesso de pressão

O enchimento excessivo do pneu provoca uma redução do contacto entre o pneu e a superfície da estrada, porque as paredes laterais tendem a levantar o bordo exterior do padrão do piso. O desgaste ocorre no centro do piso do pneu. As principais causas do enchimento excessivo são um manómetro de pressão dos pneus impreciso, pneus quentes ou uma leitura incorrecta por parte do vulcanizador.

5.2 Rotação da roda

Este termo refere-se à troca da posição do pneu no veículo. Ver figura abaixo.

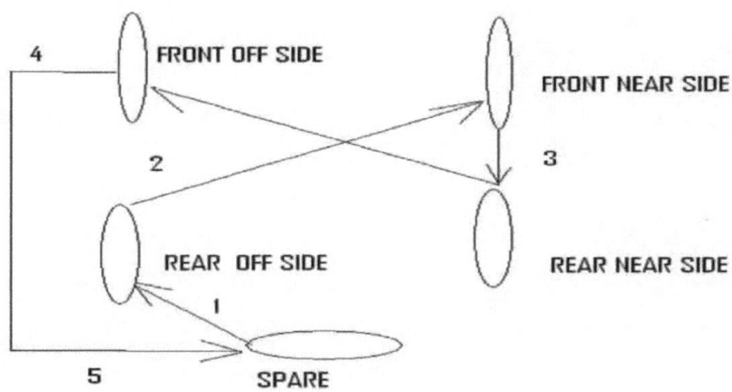

Rotação de pneus

5.2.1 A caixa de velocidades

A caixa de velocidades do veículo tem três funções principais a desempenhar, nomeadamente

- Fornecer um meio de variar a relação de binário entre o motor e as rodas de estrada, conforme necessário.
- Proporciona uma posição neutra.
- A transmissão proporciona igualmente um meio de fazer recuar o automóvel invertendo o sentido de rotação do motor.

5.2.2 Tipos de redutores

- Existem dois tipos principais de caixas de velocidades: a manual e a automática. A caixa de velocidades manual é selecionada manualmente pelo condutor em função da velocidade a que pretende que o veículo circule.

- A transmissão automática oferece um conjunto de mudanças que, em vez de serem selecionadas manualmente como numa caixa de velocidades manual, são selecionadas automaticamente em função do regime do motor e da carga. Na caixa de velocidades encontram-se as inscrições P, D, N, D, 2 E L.

Caixa de velocidades automática

- P meiosParque
- Rsignificainvertido
- NsignificaNeutro

-D significa Drive (conduzir)

-2 significa alta velocidade

-L significa velocidade baixa

5.2.3 Defeito da caixa de velocidades	
As falhas mais comuns de uma caixa de velocidades são:	
Falha	**Causas**
Zumbido da engrenagem	**Falta de óleo**
	Desgaste dos dentes da engrenagem
	Desgaste dos rolamentos

	Desalinhamento do veio
Batida da caixa de velocidades	**Rolamentos defeituosos**
Engrenagem a saltar fora da malha	**Mecanismo seletor defeituoso**
	Rolamentos desgastados

5.2.4 Manutenção da transmissão ou da caixa de velocidades

A transmissão manual e automática de diferentes automóveis utiliza muitos tipos diferentes de óleo lubrificante. Estes incluem óleo de motor, fluido de transmissão automática (ATF) e óleo de engrenagem. Determine e utilize sempre o tipo de lubrificante correto; a utilização de um lubrificante incorreto pode causar danos na caixa de velocidades.

5.2.5 O eixo da hélice

Um veio de hélice ou veio de transmissão é um componente mecânico utilizado para ligar o veio de saída da caixa de velocidades ao veio do pinhão do mecanismo de transmissão final no eixo traseiro.

5.3 A junta universal

A junta universal é colocada entre a extremidade da caixa de velocidades e o veio da hélice, permitindo que o veio de acionamento ou o veio da hélice seja conduzido num ângulo variável.

5.3.1 Junta de velocidade constante

Uma velocidade constante é a junta flexível utilizada em cada extremidade de um eixo de tração dianteira para permitir o movimento da suspensão e da direção

Os automóveis com motor dianteiro e tração dianteira têm duas juntas de velocidade constante em cada eixo, ou seja, a interna e a externa, sendo a interna próxima do motor e a externa próxima do sistema de travagem.

A junta C.V. interna: Esta junta permite que o veio do eixo se mova para cima e para baixo à medida que a roda dianteira se move para cima e para baixo durante o movimento da suspensão.

A junta C.V. exterior: Permite que a roda se desloque para a frente e para trás para efetuar a manobra de direção.

Falha comum na junta C.V; um problema comum da junta C.V é o facto de as coberturas de borracha se desgastarem ou rasgarem. Isto permite a fuga de massa lubrificante para fora do eixo de transmissão. Se as coberturas não forem substituídas, o eixo pode ficar danificado devido à perda de lubrificante. Peça a um mecânico que verifique a cobertura da junta de velocidade constante se estiver gasta ou rasgada

5.3.2 A unidade diferencial

Uma unidade diferencial está localizada na transmissão final ou no eixo traseiro e entre os dois semi-eixos. Faz rodar os eixos motores a velocidades diferentes quando um veículo está a fazer uma curva

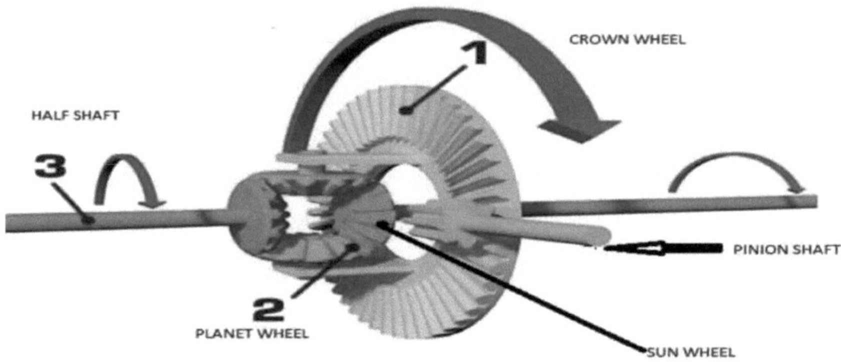

Cuidados com o diferencial

Transaxle: Se a transmissão e o diferencial estiverem combinados numa única unidade, chama-se um eixo de transmissão.

5.3.3 Controlo do nível de óleo

- Para verificar o nível de óleo da transmissão, eleve o veículo num guincho ou macaco e num suporte de segurança para macacos.
- Certificar-se de que o automóvel está nivelado
- Localizar o bujão de enchimento do diferencial ou do eixo de transmissão
- A maioria dos diferenciais tem o bujão de enchimento situado na parte de trás da caixa ou na parte lateral.
- Efetuar a verificação do diferencial ou do eixo de transmissão com o motor desligado
- Nunca coloque o dedo no orifício do bujão de enchimento. Se as rodas motrizes estiverem a rodar, o dedo pode ficar preso na engrenagem.

Nota: para verificar o nível do fluido numa caixa de velocidades automática, utiliza-se uma vareta de medição da transmissão automática / ou do eixo de transmissão.

5.3.4 O eixo traseiro

O eixo traseiro contém todas as engrenagens de transmissão final

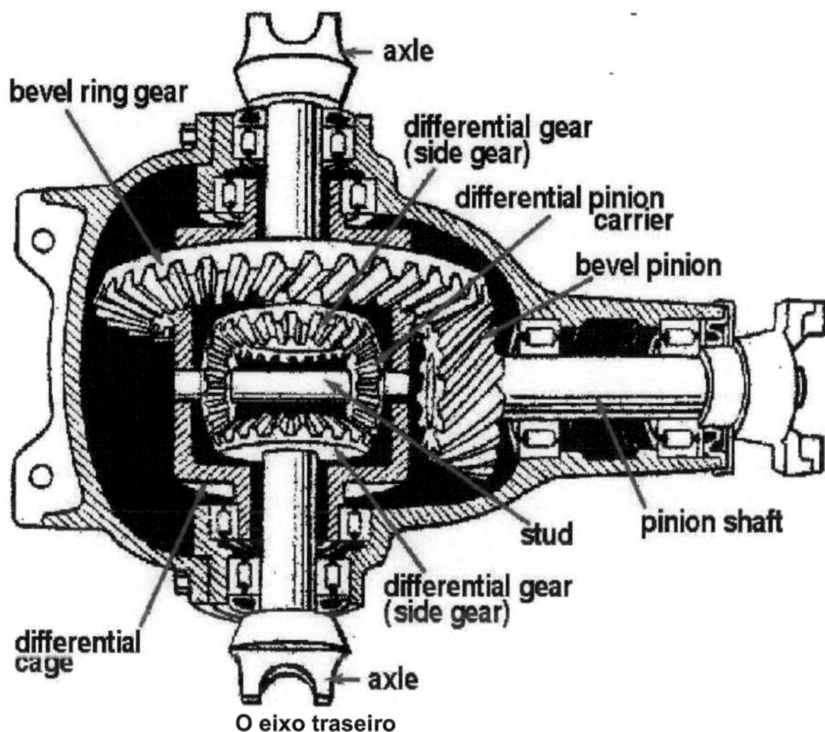

O eixo traseiro

5.3.5 Faca

O Jack-knife ocorre quando a roda traseira de um trator bloqueia, provocando a rotação do trator. Quando esta situação ocorre, o impulso do reboque para a frente durante a rotação do trator dificulta a saída da situação.

5.4 Balanço do reboque

A oscilação do reboque ocorre quando as rodas do reboque bloqueiam, fazendo com que o reboque gire, enquanto o trator permanece numa posição direita. Um condutor experiente consegue muitas vezes evitar uma situação de oscilação do reboque.

5.4.1 O sistema de suspensão

A suspensão é o termo dado ao sistema de molas, amortecedores e ligações que liga um veículo às suas rodas. O sistema de suspensão desempenha várias funções no veículo, que podem incluir:

- Para ligar as rodas e o pneu à estrutura do veículo, mas permitindo-lhes rodar para controlar a direção.
- Para suportar a massa do veículo, mantendo as rodas e o eixo alinhados com a estrutura do veículo.
- Permitir que o pneu e a roda se desloquem na direção vertical em relação ao quadro.

5.4.2 Cuidados com a suspensão

Um automóvel com um controlo de direção deficiente, desgaste rápido dos pneus, ruído durante a paragem e a condução em lombas ou uma estabilidade de direção deficiente pode ter um problema de alinhamento da suspensão, da direção ou das rodas.

5.4.3 Equipamento elétrico

Equipamento elétrico; os veículos são obrigados por lei a mostrar certas luzes durante as horas de escuridão, em condições de fraca visibilidade, para indicação de direção e durante a aplicação dos travões. O motor de arranque é acionado por um motor elétrico e o combustível do motor é inflamado por uma faísca eléctrica produzida por um sistema de ignição. Além disso, vários outros elementos são acionados eletricamente. Estes incluem: limpa para-brisas e lava para-brisas, buzinas, aquecedores, sistemas de injeção de combustível, sistemas de áudio e vários outros auxílios para o conforto do condutor e dos passageiros. A energia eléctrica para o funcionamento deste equipamento provém do alternador, que é acionado pelo motor. Uma vez que certos elementos podem ser necessários quando o motor não está a funcionar, é instalada uma bateria. Esta bateria é carregada pelo alternador quando o motor está a funcionar.

5.4.4 Sistema de lubrificação do motor

O sistema de lubrificação de um motor tem quatro objectivos principais;

- Lubrificar
- Vedação
- Arrefecimento
- Limpeza

5.4.5 Mudança do óleo do motor e do filtro

Mudar regularmente o óleo do motor é a coisa mais importante que pode ser feita para prolongar a vida do motor. Quanto mais frequente for a mudança de óleo pelo condutor, mais tempo o motor pode durar antes de necessitar de uma revisão.

5.5 Ferramentas e procedimento para mudar o óleo do motor

As ferramentas e outros artigos necessários para mudar o óleo e o filtro são;

- Trapo
- Um funil
- Chave de filtro de óleo
- Óculos de proteção
- Chave para o bujão de drenagem

Certifique-se sempre de que o automóvel está corretamente posicionado antes de mudar o óleo

- Colocar o recipiente de drenagem do óleo por baixo do bujão de drenagem antes de começar a drenar o óleo

- Soltar o bujão de drenagem com a chave apropriada

- Enquanto o óleo está a ser drenado, utilize uma chave de filtro de óleo para soltar e retirar o óleo

filtro

- Substituir o filtro de óleo, apertando-o bem na sua posição

- Voltar a tapar o bujão de drenagem do óleo e voltar a encher o motor com óleo novo

5.5.1 Configuração do motor

5.5.2 AUTOMÓVEIS COM MOTOR DIANTEIRO E TRACÇÃO DIANTEIRA

Com esta disposição específica, o motor, a caixa de velocidades e a transmissão final são combinados numa única unidade, formando a caixa de velocidades e a transmissão final uma transmissão "transaxle" para as rodas dianteiras com molas independentes e orientáveis, através de um par de veios de transmissão universalmente articulados.

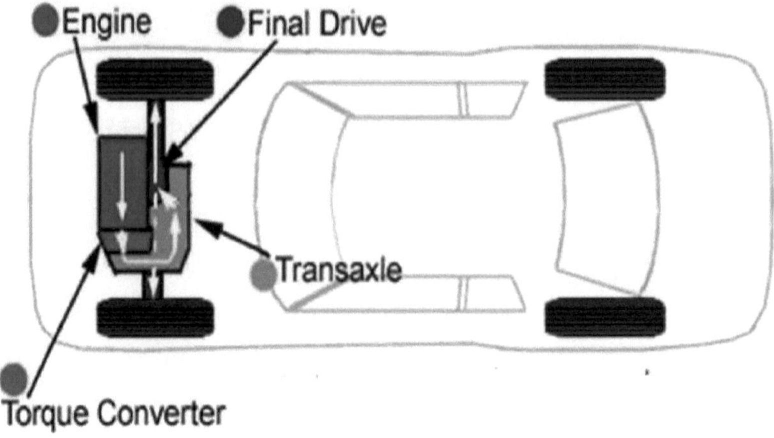

MOTOR DIANTEIRO TRACÇÃO DIANTEIRA

5.5.3 Vantagens do motor dianteiro com tração dianteira

- Construção compacta.
- Boa tração porque a maior parte do peso é suportada pelas rodas motrizes.
- Boa estabilidade da direção.
- Piso plano do habitáculo, uma vez que não é utilizado um túnel para o veio da hélice

5.5.4 DESVANTAGENS MOTOR DIANTEIRO TRACÇÃO DIANTEIRA

- O veio de transmissão pode limitar a capacidade de rotação das rodas dianteiras, podendo assim aumentar o círculo de viragem de um automóvel com tração dianteira em comparação com um automóvel com tração traseira com a mesma distância entre eixos.
- Em condições de baixa tração (por exemplo, gelo ou gravilha), as rodas dianteiras (motrizes) perdem tração primeiro, tornando a direção ineficaz.
- Em algumas situações de reboque, os veículos com tração dianteira podem estar em desvantagem em termos de tração, uma vez que haverá menos peso nas rodas motrizes. Por este motivo, o peso que o veículo está classificado para rebocar em segurança é provavelmente inferior ao de um veículo de tração traseira ou de tração às quatro rodas do mesmo tamanho e potência.

5.5.5 MOTOR DIANTEIRO - TRACÇÃO ÀS RODAS TRASEIRAS

Neste tipo, o motor é montado à frente e atrás de um eixo de transmissão ou transversalmente atrás da caixa de velocidades ou das unidades de transmissão final.

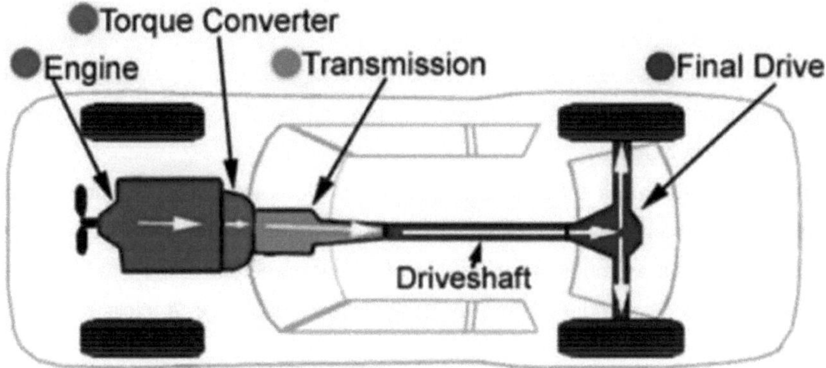

Motor dianteiro com tração traseira

Vantagens do motor traseiro e da tração às rodas traseiras

- Mantém uma elevada tração em estrada.
- Melhora o alojamento dos passageiros e das bagagens.
- Um conjunto de potência e transmissão muito compacto e acessível.

Desvantagens do **motor traseiro e da tração às rodas traseiras**

- Devido à posição do motor, é muito difícil obter um arrefecimento eficiente.
- Existe uma forte tendência para o veículo se desviar, ou seja, entrar numa curva por sua própria iniciativa.

6.6 Efeito do veículo no ambiente e na saúde

Os transportes têm inúmeros problemas que afectam negativamente a saúde e o ambiente. Os condutores e operadores devem compreender como o seu comportamento de condução afecta os outros. Alguns deles são:

Ruído/vibração: Os transportes podem afetar negativamente a qualidade de vida, perturbar os padrões de sono e aumentar o stress mental. Os edifícios e outras estruturas podem ser danificados ao longo do tempo por alguns tipos de vibração, como a causada por veículos comerciais.

Poluição atmosférica: trata-se de gases nocivos e de partículas (pequenas partículas que podem penetrar facilmente no sistema respiratório). Nas zonas urbanas, foi estabelecida uma correlação entre as partículas em suspensão e a taxa de mortalidade. As partículas também provocam a sujidade dos edifícios e de outros materiais, o que leva a elevados custos de manutenção e pode causar doenças respiratórias e outros problemas de saúde graves.

Poluição da água: as substâncias nocivas provenientes das emissões de gases de escape podem envenenar massas de água, lagos e mares, causando danos à vida marinha e à saúde dos seres humanos.

Intrusão/perigo visual: a intrusão das operações de transporte (incluindo o tráfego rodoviário) pode ter um impacto negativo em bairros residenciais, cidades históricas, zonas rurais atractivas e outras zonas sensíveis. Não só a qualidade estética e o carácter desses locais podem ser diminuídos, como o perigo para os peões e ciclistas pode ser considerável.

Separação de terras e comunidades: a construção de novas vias e terminais, por exemplo, estradas principais, pode dividir explorações agrícolas, tornando-as por vezes inviáveis. Podem também separar comunidades, criando uma barreira física perigosa ou impossível de transpor.

5.6.1 Diário de bordo e Techograph ou tracker

O Techograph é uma forma eletrónica de diário de bordo colocado nos veículos (autocarros ou veículos de longo curso). O techograph tem muitas funções e é uma fonte útil de informação de gestão e pode ser utilizado para alcançar alguns dos seguintes resultados

1. Hábitos de condução mais económicos, que conduzirão a um melhor consumo de combustível.
2. Pode ser utilizado para calcular a velocidade do veículo
3. Reduzir os acidentes de viação quando os condutores têm consciência de que o seu desempenho na condução e a sua velocidade estão a ser monitorizados.
4. Para melhorar a produtividade dos condutores, o método prescrito para garantir o cumprimento da regulamentação relativa às horas dos condutores, É utilizado para registar a distância e a velocidade percorridas.

5.6.2 Atomização

Para que a gasolina arda perfeitamente na câmara de combustão, tem de entrar na câmara sob a forma de pulverização. A quebra do combustível líquido numa partícula de pulverização é designada por atomização.

O carburador

O carburador do veículo desempenha várias funções importantes no sistema do motor do veículo, devendo:

1. Atomizar o combustível líquido tão finamente quanto possível, a fim de obter a mistura mais completa do combustível com o ar.
2. Fornecer a massa correta de mistura para se adequar a todas as condições de velocidade e carga do motor.

3. Fornecer a força correta da mistura para se adequar a cada combinação de velocidade e carga do motor.
4. Proporcionar um arranque fácil quando o motor está frio.

5. Permitir que o motor passe ao ralenti ou funcione de forma estável a uma velocidade baixa.
6. Proporcionar uma aceleração máxima, sem pontos planos, quando o acelerador é aberto.
7. Proporcionar a máxima economia de combustível possível em todas as condições de funcionamento.
8. Poder ser regulado de modo a satisfazer diferentes condições de temperatura e pressão atmosféricas e a permitir a utilização de diferentes qualidades e tipos de combustível.
9. Ter o menor número possível de peças de desgaste, ser compacto e de fácil manutenção.

5.6.3 A bateria do automóvel

Uma bateria é um dispositivo no automóvel que produz uma alteração diferencial por ação química. A bateria é a principal fonte de energia do veículo, todos os componentes eléctricos e electrónicos do automóvel utilizam a energia da bateria.

5.6.4 Teste da bateria

A bateria deve ser testada sempre que o seu desempenho for suspeito. O teste da bateria deve incluir:

- Se a bateria for satisfatória e puder permanecer em serviço
- Se a bateria tiver de ser recarregada antes de voltar a ser colocada em serviço
- Se a pilha tiver de ser substituída

5.6.5 Cuidados com as pilhas

A bateria produz gases de hidrogénio e oxigénio durante o funcionamento normal. Estes gases podem escapar através do respiradouro (abertura através da tampa) durante o ciclo de carregamento e podem ser altamente explosivos numa pequena quantidade. Para evitar a possibilidade de ferimentos e danos graves, siga as seguintes precauções ao manusear, testar ou carregar uma bateria:

- Se o eletrólito entrar em contacto com a pele ou com os olhos, lavar com água limpa e fresca durante cerca de 15 minutos.
- Não adicionar gotas oculares ou outros medicamentos, exceto se aconselhado por um médico
- Se o eletrólito for ingerido, beber muita água ou leite ou ovo cru.
- O eletrólito pode danificar as peças metálicas pintadas ou não pintadas do seu automóvel. Se o eletrólito for derramado ou salpicado numa superfície metálica pintada, neutralize-o com uma solução de bicarbonato de sódio e lave a área com água limpa.

5.7 Motor de arranque

O motor de arranque converte a energia eléctrica da bateria em energia mecânica para pôr o motor a funcionar.

Problemas de arranque

Defeito: O motor arranca lentamente ou funciona de forma irregular

Causas: bateria fraca, motor de arranque defeituoso

Solução: manutenção, recarga ou substituição da bateria

Defeito: o motor não arranca

Causas: bateria descarregada, montagem do motor de arranque solta, ligação do cabo aberta ou partida e componentes do motor gripados

MÓDULO 6: TRAVAGEM, MANOBRA DE DIRECÇÃO E CONDUÇÃO EFICIENTE EM TERMOS DE COMBUSTÍVEL

Um dos perigos mais graves da condução e que contribui significativamente para os acidentes é o bloqueio das rodas em caso de travagem brusca numa superfície escorregadia. A perda de eficiência da travagem aumenta consideravelmente a distância de travagem e, juntamente com isso, há a perda de estabilidade direcional e de direção se as rodas traseiras bloquearem. Se os travões forem aplicados até ao ponto de bloqueio, a aderência lateral é reduzida a zero. Isto deve-se ao facto de o atrito de rolamento desenvolvido por um pneu que ainda está a exercer uma aderência rotacional contra a superfície da estrada ser sempre superior ao da roda bloqueada. Existem várias técnicas que os condutores podem utilizar para evitar o bloqueio das rodas traseiras. Algumas são a travagem de cadência e a travagem de limiar, que serão explicadas mais adiante.

6.1O sistema de travagem

A função do sistema de travagem de um veículo a motor é absorver toda a energia térmica fornecida ao veículo e convertê-la em energia mecânica. Os travões, quando aplicados, devem ser capazes de parar o veículo sem derrapar e devem também ser capazes de reduzir a velocidade do veículo em caso de emergência. Os travões também devem puxar o veículo para cima de forma suave e em linha reta. Existem dois tipos de travões: o travão de tambor e o travão de disco.

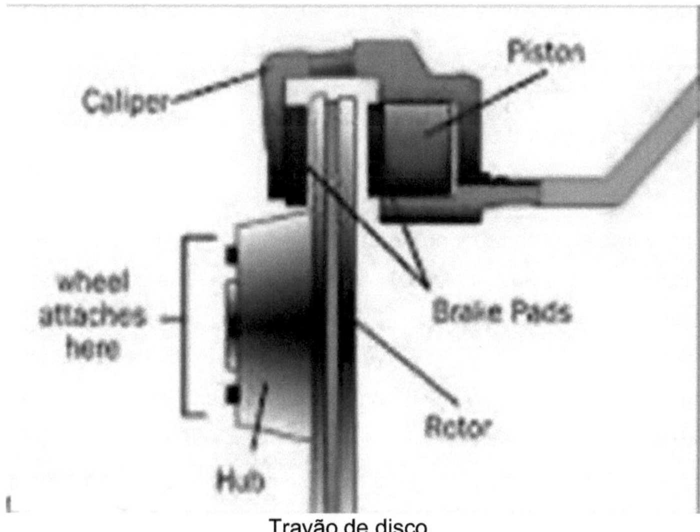

Travão de disco

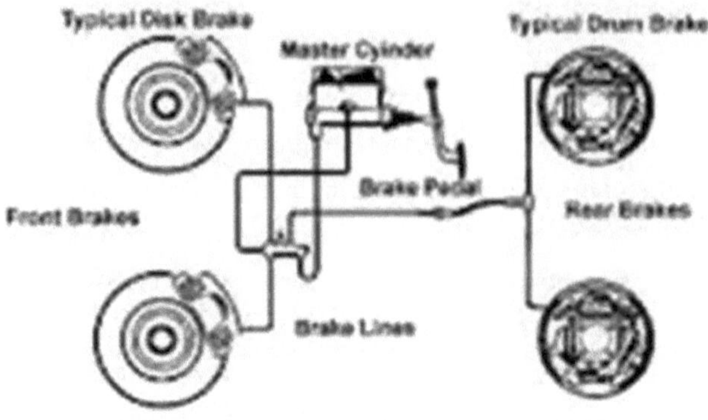

Combination of disc and drum brake

6.1.1 Travagem por cadência

A travagem por cadência é uma técnica de condução avançada que envolve o acionamento do pedal do travão e é utilizada para permitir que um automóvel conduza e trave numa estrada escorregadia. É utilizada para efetuar uma paragem de emergência, quando a tração é limitada; para reduzir o efeito de derrapagem das rodas da estrada que bloqueiam durante a travagem. A travagem por cadência destina-se a maximizar o tempo de que o condutor dispõe para contornar os obstáculos à sua frente. É necessário aprender e praticar esta técnica. A força de travagem máxima é obtida quando existe um desfasamento de cerca de 10% a 20% entre a velocidade de rotação das rodas e a superfície da estrada.

6.1.2 Procedimento para a travagem de cadência

A travagem por cadência consiste em carregar no pedal do travão de forma bastante rápida, mas deliberada, para fazer com que a roda bloqueie e desbloqueie, o que pode ser feito através dos seguintes passos.

- Carregue no pedal do travão até o travão estar prestes a bloquear. Em estrada seca, começará a ouvir um som de guincho.
- Reduza a pressão no pedal do travão para que a roda bloqueada recupere a tração e comece a rodar.

- Baixe novamente o pé para aumentar a pressão dos travões até a roda bloquear pela segunda vez, depois levante-o novamente para libertar a pressão e desbloquear, continue a travar.

- Baixe novamente o pé para bloquear as rodas pela terceira vez e, em seguida, solte-o para desbloquear mais uma vez.
- Continuar a carregar nos travões desta forma até o veículo parar ou o perigo desaparecer.

Embora a travagem por cadência seja eficaz na maioria das superfícies, é menos eficaz a abrandar o veículo do que manter os pneus continuamente no ponto de travagem ideal, o que se designa por travagem de limiar. Esta última é uma técnica de condução expetável que é ainda mais difícil de aprender do que a travagem de cadência e que, mais uma vez, ultrapassou largamente o ABS.
A travagem no limiar, ou um bom ABS, resulta geralmente na distância de paragem mais curta em linha reta.

6.1.3 Técnica de travagem com limiar

A travagem de limiar ou travagem de limite é uma técnica de condução mais comum nas corridas de automóveis, mas também praticada em veículos rodoviários para abrandar um veículo ao ritmo ideal utilizando os travões. Esta técnica implica que o condutor controle a pressão no pedal do travão para maximizar a força de travagem desenvolvida pelos pneus. A quantidade ideal de força de travagem é desenvolvida no ponto em que a roda está prestes a deslizar.

A travagem para além do ponto de patinagem faz com que o pneu deslize ou derrape e a aderência por atrito entre o pneu e a estrada é reduzida. O objetivo da travagem no limite é manter a quantidade de deslizamento do pneu no valor mínimo; o valor que produz a força máxima de atrito e de travagem quando as rodas estão a deslizar significativamente. A quantidade de atrito disponível para a travagem é tipicamente substancialmente menor quando as rodas estão a patinar, reduzindo assim os pontos finais estáticos e dinâmicos, e é este ponto que a travagem de emergência tenta manter.

6.1.4 Cuidados com os travões
Se o seu automóvel puxar para um lado quando acciona os travões, o problema pode ser

um dos seguintes factores:

1. Um mau funcionamento do conjunto da pinça (travões de disco)
2. Calços ou guarnições de travão (travão de tambor) defeituosos ou danificados

Se ouvir uma aspereza ou sentir uma pulsação do pedal ao acionar os travões, os problemas podem ser:

1. Rotor com desgaste excessivo
2. Revestimento das almofadas excessivamente desgastado

Esforço excessivo é a condição em que o condutor tem de carregar muito no pedal para obter uma boa ação de travagem. Esta situação pode ser causada por:

1. Um sapato ou forro demasiado gasto
2. O pistão da pinça está preso
3. Desbotamento dos travões devido a um revestimento incorreto

O movimento excessivo do pedal é a condição em que o condutor tem de carregar no pedal antes de o travão ser eficaz, o que pode ser causado por

O veículo puxa para um lado quando os travões são acionados. O problema será:

- Óleo no forro do lado oposto
- Piso ou pressão dos pneus irregulares
- Tambor distorcido
- Tubo flexível bloqueado

Desvanecimento dos travões: é a perda de retardamento ou de potência de travagem que ocorre durante a aplicação dos travões. O desvanecimento dos travões é causado pelo sobreaquecimento dos conjuntos de tambores quando o veículo está a descer um declive acentuado.

6.1.5 TÉCNICAS AVANÇADAS DE DIRECÇÃO

O principal objetivo do sistema de direção e de suspensão de um veículo é permitir o máximo controlo do veículo e que todas as rodas rolem corretamente em todas as condições de condução.

6.2 Técnicas de direção de empurrar e puxar

Esta técnica é útil principalmente para grandes rotundas, viragens em cruzamentos e viragens largas à esquerda em grandes cruzamentos. Desloca-se a mão na direção da curva na parte superior do volante (12 horas) e puxa-se para baixo em direção ao 9 ou ao 3, com a palma oposta parada e deixando o volante deslizar por baixo dela, de modo a formar resistência e a poder agarrar o volante se a direção for considerada excessiva. Quando terminar de rodar o volante, as suas mãos encontrar-se-ão novamente no quarto para três com o volante rodado 90 graus para o lado.

Segurar o volante a um quarto de hora

6.2.1 Manter o volante na posição de um quarto para três

Rodar o volante a 180 graus pode ser bom para virar à direita nos centros das cidades e noutras situações. Ao deslocar a mão adequada sobre o volante, mesmo por cima da mão fixa, com o polegar enganchado sob o raio do volante, pode rodar o volante 180 graus completos e recuperar a posição de um quarto para três mãos. Para endireitar o volante, coloque a mão oposta por cima da outra e puxe para trás. Ao virar em curvas apertadas, rode o volante utilizando a técnica "mão sobre mão". Quando terminar uma curva, endireite o volante com a mão. Deixá-lo escorregar por entre os dedos pode ser perigoso.

3. Turning:
Hands in quarter to three

Mão a um quarto de três na roda

6.2.2 Antecipar o tráfego.

Enquanto condutor, é frequente ter de acionar os travões para parar completamente o veículo. No entanto, ao antecipar o trânsito, abrande o mais cedo possível para diminuir a velocidade, conservar combustível e poupar dinheiro, tirando simplesmente o pé do pedal do acelerador.

6.2.3 Aspectos a ter em conta numa condução eficiente em termos de combustível

- Mantenha o seu automóvel em forma.
- Planeie a sua viagem e combine viagens.
- Escolha um carro mais eficiente.
- Manter a pressão de enchimento dos pneus.
- Não encher os pneus até à pressão máxima permitida que está marcada na parte lateral dos pneus.

6.2.4 Preparação para o teste

10 razões pelas quais as pessoas chumbam no exame prático

Há várias razões para algumas pessoas reprovarem no exame prático à primeira tentativa. Nem sempre é o facto de não se terem preparado bem para o exame. Outras razões podem contribuir para a reprovação no exame à primeira vez, nomeadamente

- Falta de observação ao aproximar-se de um cruzamento
- Partir antes de verificar a estrada
- Ser demasiado cauteloso e conduzir demasiado devagar para as imediações
- Esquecer-se de regular os espelhos retrovisores e os sinais
- Mudanças de velocidade incorrectas
- Falta de controlo da direção
- Utilização inadequada dos comandos em marcha-atrás e estacionamento em marcha-atrás
- Má avaliação dos outros utentes da estrada.
- Falta de coragem inicial
- Medo do desconhecido

6.2.5 Teste os seus conhecimentos através de perguntas de escolha múltipla

Q 1. Qual é a idade mínima para um aprendiz de condutor?

Assinale uma resposta

A. Menos de 18 anos
B. 18 anos ou mais
C. Mais de 21 anos
D. 19 anos de idade

Q 2. Quais são as razões que levam as pessoas a conduzir

Assinale três respostas

A. Como motorista
B. A sua procura de trabalho
C. Porque podem pagar
D. Por diversão

Q 3. Quantos trabalhos são efectuados por cada condutor na estrada?

Assinale uma resposta

A. 4
B. 5
C. 6
D. 8

Q 4 Qual é o nível mínimo de escolaridade exigido a um candidato a condutor? **Assinale uma resposta**

A. NENHUMA QUALIFICAÇÃO MÍNIMA

B. HND

C. DIPLOMA

D. BECE/MSLC

Q5. Qual é o limite máximo de velocidade nas estradas urbanas do Gana?

Assinale uma resposta

A. 50km/h

B. 60km/h

C. 30km/k

D. 45km/h

Q 6. Qual é o limite máximo de velocidade na autoestrada?

Assinale uma resposta

A. 60km/h

B. 70km/h

C. 80km/h

D. 100km/h

Q 7. O limite de velocidade máxima na autoestrada é

Assinale uma resposta

A. 60km/h

B. 75km/h

C. 80km/h

D. 100km/h

Q 8. Que artigos de segurança são obrigatórios por lei no seu automóvel?

Assinale quatro respostas

A. Dois triângulos de aviso prévio normalizados

B. Caixa de primeiros socorros com componentes básicos

C. Extintor de incêndio

D. Pneu sobresselente em bom estado

E. Bota de segurança

Q 9. A carta B pode ser utilizada para conduzir que categorias de automóveis

Assinale uma resposta

A. Todos os automóveis com mais de 3000 kg

B. Automóveis que não excedam 3000 kg

C. Automóveis com peso superior a 6000 kg

D. Automóveis com mais de 8000 kg

Q 10. Se for o primeiro carro a chegar ao local de um acidente, o que deve fazer?

Assinale quatro respostas

A. Certifique-se de que conduz em segurança, passe o carro e apresente-se na esquadra de polícia mais próxima

B. Estacione o seu veículo num local adequado

C. Desligue o motor

D. Afastar as pessoas não feridas do veículo

E. Avisar o outro tráfego do acidente

Pergunta sobre o estado de alerta

Q 11.Quando se segue um veículo de grandes dimensões deve manter-se bem afastado porque este

Assinale uma resposta

A. Permite-lhe fazer cantos mais rapidamente

B. Ajuda o veículo grande a parar mais rapidamente

C. Permite que o condutor o veja nos espelhos retrovisores

D. Ajuda-o a manter-se afastado do vento

Q12. Em qual das seguintes situações se deve evitar a ultrapassagem

Assinale uma resposta

A. logo após uma curva

B. numa rua de sentido único

C. na estrada a trinta quilómetros por hora

D. Aproximar-se de uma depressão numa estrada

Q 13. Quando se aproxima de um semáforo que está verde há algum tempo, deve

Assinale uma resposta

A. Tocar a buzina

B. Utilizar os espelhos

C. Selecionar uma mudança mais alta

D. Acender os faróis

Q14: Qual das seguintes opções deve ser tomada antes de parar

Assinale uma resposta

A. Toque a sua buzina

B. Utilizar os espelhos

C. Selecionar a mudança mais alta

D. Acender os faróis

Q 15. O que significa o termo "desporto cego" para um condutor?

Assinale uma resposta

A. Uma área coberta pelo seu espelho de mão direito

B. Uma área não coberta pelos faróis

C. Uma área coberta pelos espelhos retrovisores da mão esquerda

D. Uma área não coberta pelos seus espelhos

Q16. Os objectos pendurados no seu espelho interior podem

Assinale duas respostas

A. Restringir a sua visão

B. Melhorar a sua condução

C. Destruir a sua atenção

D. Ajuda à concentração

Q 17. Quando se está a sair de trás de um carro estacionado, deve

Assinale três respostas

A. olhar em volta antes de partir

B. utilizar todos os espelhos do veículo

C. olhar em volta depois de partir

D. utilizar apenas o espelho exterior

E. Dar um sinal, se necessário

F. Dar um sinal depois de se afastar

Q 18. Para atender no telemóvel enquanto viaja

Assinale uma resposta

A. Reduzir a velocidade onde quer que se encontre

B. Parar num local adequado e conveniente

C. Reduzir ao mínimo o tempo de chamada

D. Abrandar e deixar que os outros o ultrapassem

Q 19. Ao sair de um cruzamento, qual é a via mais suscetível de o obstruir

Assinale uma resposta

A. Pilar do para-brisas

B. Volante

C. Espelho interior

D. Limpa para-brisas

Q 20. Não consegue ver claramente a retaguarda quando faz marcha-atrás. O que é que deve fazer?

Assinale uma resposta

A. Abra a sua janela para olhar para trás

B. Abre a tua porta e olha para trás

C. Olhar para o espelho retrovisor lateral

D. Pedir a alguém que o guie.

Q 21.Qual é o princípio mais seguro utilizado nas ultrapassagens?

Assinale uma resposta

(a) Garantir a segurança dos outros utentes da estrada

(b) Se tiver dúvidas quanto à sua segurança, não ultrapasse

(c) Garantir a sua segurança e a segurança dos outros utentes da estrada.

(d) Ultrapassar apenas quando a sua frente estiver livre

Q 22: Está a conduzir na autoestrada a alta velocidade. Tem de parar o seu veículo numa situação de emergência. Deve

Assinale uma resposta

(a) Selecionar a marcha-atrás

(b) Acionar os travões de mão e de pé

(c) Manter as duas mãos firmemente agarradas ao volante

(d) Mudar de uma mudança baixa para uma mudança alta

Q 23. Qual é a PRINCIPAL diferença entre sinais de trânsito e marcas rodoviárias?

Assinale uma resposta

(a) A sinalização rodoviária e as marcas rodoviárias têm o mesmo objetivo de regular os utentes da estrada

(b) Os sinais de trânsito são utilizados para controlar os condutores e as marcas rodoviárias são utilizadas para avisar e orientar os peões

(c) A sinalização rodoviária é utilizada para controlar, avisar e orientar os utentes da estrada em pontos ou zonas específicas e as marcas rodoviárias são utilizadas para controlar, avisar e orientar os utentes da estrada de forma contínua ao longo da mesma.

(d) A sinalização rodoviária está colocada na superfície da estrada e as marcas rodoviárias estão colocadas em postes de sinalização

(e) As marcas rodoviárias só devem ser respeitadas pelos condutores e os sinais rodoviários só devem ser respeitados por todos os utentes da estrada

Q 24. Uma única linha quebrada com marcações curtas e longos intervalos no meio da estrada que dividem a estrada em faixas de rodagem chama-se

Assinale uma resposta

(a) Linha de aviso de perigo

(b) Passagem de nível

(c) Linha central de orientação

(d) Linha central da passagem de nível

Q 25. Numa rua de sentido único, deve conduzir o seu veículo sobre ou em

Assinale uma resposta

(a) A faixa exterior

(b) A faixa interior

(c) Quer na faixa interior quer na faixa exterior

(d) O eixo central

(e) Nenhuma das faixas

Q 26. Em qual das seguintes ESTRADAS a inversão de marcha é proibida ou não é permitida?

Assinale uma resposta

(a) Estradas urbanas

(b) Estradas com duas faixas de rodagem

(c) Ruas de sentido único

(d) Estradas secundárias

(e) Estradas com duas faixas de rodagem

Q 27. Está a aproximar-se de um semáforo que estava na cor âmbar (ou amarela). Deveria

Assinale uma resposta

(a) Conduzir no meio do trânsito

(b) Manter a velocidade

(C) Acelerar rapidamente para passar a linha de paragem

(d) Estar preparado para parar atrás da linha de paragem

Q 28. O que é uma ultrapassagem incorrecta?

Assinale uma resposta

(a) Ultrapassar indevidamente um veículo em movimento

(b) Ultrapassar sem ter em conta a sua segurança e a segurança dos outros utentes da estrada[b]

(c) Ultrapassagem incorrecta nos locais certos

(d) Ultrapassagem indevida em locais errados

Q 29. Quando se ultrapassa um automóvel numa autoestrada à noite, é preciso ter a certeza de que

Assinale uma resposta

(a) Informa o condutor que pretende ultrapassar[a]

(b) Selecionar uma mudança mais alta

(c) Ligou a luz de máximos antes de ultrapassar

(d) Não encandear os outros utentes da estrada

Q 30. As restrições e regulamentações de inversão de marcha são meios de

Assinale uma resposta

(a) Restrição da circulação de determinados veículos nalgumas estradas

(b) Restrição da circulação de determinados veículos em ruas privadas

(c) Restrição do direito de regresso

(d) Eliminação de conflitos [d]

(e) Reduzir o congestionamento

Q 31. Os sinais de alerta, na maioria dos casos, são indicados com.

Assinale uma resposta

(a) Limites circulares vermelhos e símbolos pretos

(b) Limites azuis rectangulares e símbolos vermelhos

(c) Limites triangulares vermelhos e símbolos pretos[c]

(d) Fundo circular azul com símbolos brancos

(e) Limites brancos triangulares e símbolos vermelhos

Q 32. Qual das seguintes situações, se for deixada em baixo, pode causar um acidente

Assinale uma resposta

A. Nível anti-congelante
B. Nível do fluido dos travões
C. Nível de água da bateria
D. Nível do líquido de arrefecimento do radiador

Q 33. Quais são os dois tipos de pneus que são gravemente afectados por um enchimento insuficiente?

Assinale duas respostas

A. Travagem
B. Direção
C. Mudança de velocidade
D. Estacionamento

Q 34. Os veículos a motor podem prejudicar o ambiente. Isto resultou em

Assinale três respostas

A. Poluição atmosférica
B. Danos em edifícios
C. Menor risco para a saúde

D. Melhoria dos transportes públicos

E. Menor utilização de veículos eléctricos
F. Utilização dos recursos naturais

Q35. O desgaste excessivo ou irregular dos pneus pode ser causado por falhas em quais TRÊS dos seguintes elementos

Assinale três respostas

A. A caixa de velocidades
B. O sistema de travagem
C. O acelerador
D. O sistema de escape
E. Alinhamento das rodas
F. A suspensão

Q36. Conduzir com os pneus com pressão insuficiente pode afetar

Assinale duas respostas

A. Temperatura do motor
B. Consumo de combustível
C. Travagem
D. Pressão do óleo

Q37. A principal causa do desvanecimento dos travões é

Assinale uma resposta

A. Sobreaquecimento dos travões
B. Ar no líquido dos travões
C. Óleo nos travões
D. Os travões não estão regulados

Q 38. Quais são os três elementos que afectam a distância de paragem?

Assinale três respostas

A. A que velocidade vai
B. O tipo de veículo que está a utilizar
C. Os pneus do seu veículo
D. A hora do dia
E. O tempo

Q 39. Está a viajar sob uma chuva forte. É provável que a sua distância total seja?

Assinale uma resposta

A. Duplo

B. Reduzido a metade

C. Até dez vezes mais

D. Não é diferente

Q 40. Tem de fazer uma viagem em condições de nevoeiro. Deverá

Assinale uma resposta

A. Seguir atentamente as luzes traseiras dos outros veículos

B. Evitar a utilização de luzes de cruzamento

C. Deixar tempo suficiente para a viagem

D. Manter-se dois segundos atrás dos outros veículos

Q 41. Porque é que se deve reduzir sempre a velocidade quando se viaja com nevoeiro?

Assinale uma resposta

A. Porque os travões não funcionam tão bem

B. Porque pode ser ofuscado pelos faróis de nevoeiro de outras pessoas

C. Porque o motor está mais frio

D. Porque é mais difícil ver o acontecimento à frente

Q42. Quais são as DUAS afirmações corretas? Ao ultrapassar à noite, deve

Assinale duas respostas

A. Esperar até uma curva para poder ver o farol que se aproxima

B. Tocar a buzina duas vezes antes de sair

C. Tem cuidado porque podes ver menos

D. Cuidado com as curvas na estrada

E. Colocar os faróis no máximo

Q 43. Está a ultrapassar um automóvel à noite. Deve certificar-se de que

Assinale uma resposta

A. Pisca o farol antes de ultrapassar

B. Selecionar uma mudança mais alta

C. Tem de acender os máximos das luzes antes de ultrapassar

D. Não encandear os outros utentes da estrada

Q 44. Está a conduzir numa estrada que tem lombas. O condutor da frente circula mais devagar do que o seu. Deveria

Assinale uma resposta

A. Toque a sua buzina
B. Ultrapassar logo que possível
C. Acender os faróis
D. Abrandar e ficar para trás

Q 45. Quais são as duas principais razões pelas quais o abrandamento da velocidade é incorreto?

Assinale duas respostas

A. O consumo de combustível será mais elevado
B. O veículo ganha velocidade
C. Desgastava mais os pneus
D. O controlo da travagem e da direção é menor
E. Danifica o motor

Q 46. Porque é que o coasting é errado?

Assinale uma resposta

A. Faz com que o carro derrape
B. Faz o motor parar
C. O motor funcionará mais depressa
D. Não existe travão motor

Q 47. As colinas podem afetar o desempenho do seu veículo. Quais as DUAS que se aplicam quando se conduz numa subida íngreme/

Assinalar duas respostas

A. Uma mudança mais alta puxa melhor
B. Abrandará mais cedo
C. A ultrapassagem será mais fácil
D. O motor trabalhará mais
E. A direção será mais pesada

Q 48. Para corrigir uma derrapagem da roda traseira, deve?

Assinale uma resposta

A. Não dirige de todo
B. Não se aproximar

C. Dirigir-se a ele
D. Acionar o travão de mão

Q 49. Está a conduzir numa estrada muito molhada. O seu veículo começa a deslizar. Esta situação designa-se por

Assinale uma resposta

A. Habitação
B. Tecelagem
C. Aquaplanagem
D. Desvanecimento

Q 50.Há um trator à sua frente. Pretende ultrapassá-lo, mas não tem a certeza se é seguro fazê-lo. Deveria

Assinale uma resposta

A. Seguir outro veículo em ultrapassagem através de
B. Toque a buzina para que o veículo lento encoste
C. Acelerar, mas acender as luzes para o tráfego em sentido contrário
D. Não ultrapassar se tiver dúvidas

Q 51. O condutor deixa o seu veículo estacionado numa estrada. Quando é que se pode deixar o motor a trabalhar?

Assinale uma resposta

A. Se ficar estacionado durante menos de cinco minutos
B. Se a bateria estiver descarregada
C. Quando não se está num harry
D. Em nenhuma ocasião

Q52. Está a entrar numa zona de obras rodoviárias. Está afixado um limite de velocidade temporário. Deve

Assinale uma resposta

A. Não exceder o limite de velocidade
B. Respeitar o limite apenas nas horas de ponta
C. Aceitar os limites de velocidade como aconselháveis
D. Respeitar o limite, exceto durante a noite

Q 53. Os sinais são normalmente dados por indicadores de direção e

Assinale uma resposta

A. Luzes de travão
B. Luzes laterais

C. Luzes de nevoeiro
D. Luzes interiores

Q 54: Num cruzamento, não há sinais nem marcas rodoviárias. Aproximam-se dois veículos. Qual deles tem prioridade?

Assinale uma resposta

A. Nenhum dos veículos
B. O veículo que viaja mais depressa
C. O veículo que circula na estrada mais larga
D. Veículo que se aproxima pela direita

Q 55: Quem tem prioridade numa intersecção não assinalada?

Assinale uma resposta

A. O veículo maior
B. Ninguém tem prioridade
C. O veículo mais rápido
D. O veículo mais pequeno

Q 56. Em que TRÊS ocasiões deve parar o seu veículo?

Assinale três respostas

A. Quando envolvido num acidente
B. Num semáforo vermelho[B]
C. Quando um agente da polícia lhe der sinal para o fazer
D. Num cruzamento com uma dupla linha quebrada

Q 57. É OBRIGATÓRIO parar quando lhe for dado sinal por qual das TRÊS seguintes opções

Assinale três respostas

A. Um agente da polícia
B. Um peão
C. Uma patrulha de travessia escolar
D. Um condutor de autocarro
E. Um semáforo vermelho

Q 58. Em obras rodoviárias, qual dos seguintes elementos pode controlar o fluxo de tráfego?

Assinale três respostas

A. Um quadro STOP-GO
B. Luzes âmbar intermitentes

C. Um polícia

D. Luz vermelha intermitente

E. Semáforos temporários

Q 59. Uma pessoa está à espera para atravessar numa passadeira. A pessoa está de pé no passeio.

Normalmente, deve

Assinale uma resposta

A. Avançar rapidamente antes de entrarem na passadeira

B. Parar antes de alcançar as linhas em ziguezague e deixá-las cruzar-se

C. Parar, deixar passar, esperar pacientemente

D. Ignorá-los porque ainda estão no pavimento

60. A estrada molhada afectará a distância necessária para parar. As distâncias de paragem podem aumentar até

Assinale uma resposta

A. duas vezes

B. três vezes

C. cinco vezes

D. dez vezes

61. Com tempo muito quente, o piso da estrada pode ficar mole. Qual das DUAS seguintes opções será a mais afetada?

Assinale uma resposta

A. a suspensão

B. a aderência dos pneus

C. a travagem

D. o escape

62. . Onde é mais provável ser afetado por um vento lateral?

Assinale uma resposta

A. numa estrada rural estreita

B. num troço de estrada aberto

C. num troço de estrada movimentado

D. numa estrada longa e reta

63. Em condições de vento, é necessário ter mais cuidado quando

Assinale uma resposta

A. Utilizar os travões

B. arrancar em subida

C. virar para uma estrada estreita

D. passar ciclistas a pedais

64. Em boas condições, qual é a distância de paragem típica a 70 km/h?

Assinale uma resposta

A. 50 metros

B. 15 metros

C. 25 metros

D. 75metros

65. . Qual é a distância total de paragem mais curta numa estrada seca a 50 km/h?

Assinale uma resposta

A. 75metros

B. 15 metros

C. 50 metros

D. 25 metros

66. Os seus indicadores podem ser difíceis de ver à luz do sol, o que deve fazer?

Assinale uma resposta

A. colocar o indicador mais cedo

B. fazer um sinal com o braço, para além de utilizar o indicador

C. tocar no travão várias vezes para mostrar a luz de stop

D. virar o mais rapidamente possível

67. Está a seguir um veículo a uma distância segura numa estrada molhada. Outro condutor ultrapassa-o e entra no espaço que deixou. O que é que deve fazer?

Assinale uma resposta

A. acender os faróis como aviso

B. tentar ultrapassar em segurança logo que possível

C. recuar para recuperar uma distância de segurança

D. manter-se próximo do outro veículo até este avançar

68. Ao aproximar-se de uma curva à direita, deve manter-se bem à esquerda. Porquê?

Assinale uma resposta

A. Para melhorar a visão da estrada

B. Para ultrapassar o efeito do declive da estrada

C. para permitir a ultrapassagem do tráfego mais rápido vindo de trás

D. para se posicionar em segurança em caso de derrapagem

69. Não se deve ultrapassar quando

Assinale três respostas

A. que tenciona virar à esquerda pouco depois

B. numa rua de sentido único

C. Aproximação a um cruzamento

D. Subir uma longa colina

E. a vista em frente está bloqueada

70. Acabou de passar por águas profundas. Para secar os travões, deve

Assinale uma resposta

A. acelerar e manter uma velocidade elevada durante um curto período de tempo

B. ir devagar, travando suavemente

C. evitar utilizar os travões durante alguns quilómetros

D. parar durante pelo menos uma hora para lhes dar tempo para secar

71. Encontra-se numa estrada rápida, aberta e em boas condições. Por razões de segurança, a distância entre si e o veículo da frente deve ser de.

Assinale uma resposta

A. um intervalo de tempo de dois segundos

B. um carro de comprimento

C. 2 metros (6 pés e 6 polegadas)

D. dois comprimentos de carro

72. Qual é a causa mais comum de derrapagem?

Assinale uma resposta

A. Pneus gastos

B. erro do condutor

C. outros veículos

D. peões

Q 73. Este sinal significa o quê?

Assinalar uma resposta

A. Curva acentuada para a direita
B. Curva acentuada para a esquerda
C. Vira à direita
D. Vira à esquerda

Q 74. Este sinal significa o quê

Assinalar uma resposta

A. A estrada faz uma curva para a direita e depois para a esquerda
B. A estrada é estreita
C. A estrada é escorregadia
D. Curva perigosa à frente

Q 75. O que é que este sinal significa?

Assinalar uma resposta

A. Ponte estreita em frente
B. Caminho estreito
C. Passagem de nível à frente
D. Túnel em frente

Q 76. O que é que este sinal significa

Assinalar uma resposta

A. Colina íngreme para cima
B. Colina íngreme a descer
C. Estrada acidentada à frente
D. Colina perigosa à frente

Q 77. O que significa este sinal

Assinale uma resposta

A. Colina íngreme para cima

B. Colina íngreme a descer

C. Estrada acidentada à frente

D. Estrada perigosa

Q 78. O que é que este sinal significa

Assinale uma resposta

A. Rua de sentido único

B. Sem entrada

C. Dar prioridade ao trânsito

D. Estrada bloqueada

Q 79. O que é que este sinal significa

Assinale uma resposta

A. Siga em frente ou vire à direita

B. Vire à direita e siga em frente

C. Siga em frente e dobre à direita

D. Ir para a direita e dobrar a direito

Q 80. O que significa este sinal

Assinale uma resposta

A. Rotunda em frente

B. Rotunda obrigatória

C. Curva de estrada à frente

D. Fim da rotunda

Q 81. O que é que este sinal significa

Assinale uma resposta

A. Seguir a direção e virar à direita

B. Seguir a direção da seta e dobrar à direita

C. Seguir a direção do tráfego num sentido

D. Uma entrada à direita

Q 82. O que é que este sinal significa

Assinale uma resposta

A. Passar para a faixa da direita

B. Passa o carro à tua esquerda

C. Sair da estrada na próxima saída

D. A estrada dobra para a esquerda

Q 83. O que significa este sinal

Assinale uma resposta

A. Manter à direita

B. Vira à direita

C. Não virar à direita

D. Sair da estrada na próxima curva

Q 84. O que significa este sinal?

Assinalar uma resposta

A. Virar à direita

B. Dobrar para a direita

C. Não virar à direita

D. Sem curva à direita

Q 85. O que é que este sinal significa

Assinalar uma resposta

A. Não é permitida a utilização de bicicletas

B. Só é permitida a utilização de bicicletas

C. Local para estacionamento e deslocação

D. Percurso para ciclistas

Q 86. O que significa este sinal

Assinalar uma resposta

A. Curva acentuada para a direita
B. Curva acentuada para a esquerda
C. Curva inversa acentuada
D. Rampa em frente

Q 87. O que é que este sinal significa

Assinalar uma resposta

A. Aplica-se o limite de velocidade
B. Sem espera
C. Sem paragem
D. Sem entrada

Q 88. O que é que este sinal significa?

Assinalar uma resposta

A. Reviravolta à frente
B. Fim da inversão de marcha
C. Sem inversão de marcha
D. Retorno restrito

Q 89. O que é que este sinal significa

Assinalar uma resposta

A. Sem estacionamento
B. Sem estrada de passagem
C. Sem entrada
D. Sem marcação rodoviária

Q 90. Quando é que se pode utilizar uma luz de perigo?

Assinalar uma resposta

A. Estacionar ao lado de outro automóvel

B. Quando se apanha um passageiro num local errado

C. Quando está a ser rebocado

D. Quando se tem uma avaria

Q 91 - Está a conduzir numa autoestrada. O tráfego à sua frente está a travar bruscamente devido a um acidente . Como é que pode avisar o trânsito atrás de si?

Assinalar uma resposta

A. Utilizar brevemente a luz de perigo

B. Ligar continuamente as luzes de perigo

C. Utilizar brevemente as luzes de nevoeiro da retaguarda

D. Ligar os faróis de forma contínua

Q 92: Está a conduzir na cidade. À sua frente, está um autocarro numa paragem. Quais são as duas opções seguintes que deve fazer?

Assinale duas respostas

A. Estar preparado para ceder a passagem se o autocarro se afastar subitamente

B. Continuar à mesma velocidade, mas tocar a buzina como aviso

C. Estar atento ao aparecimento súbito de peões

D. Passar o autocarro o mais rapidamente possível

Q 93 - Está muito vento. Está prestes a ultrapassar um motociclista. Deveria

Assinale uma resposta

A. Ultrapassar lentamente

B. Deixar espaço suplementar

C. Toca a buzina

D. Mantém-te perto enquanto passas

Q 94.A nota de acompanhamento é um documento emitido antes de receber o seu

Assinale uma resposta

A. Carta de condução

B. Certificado de seguro

C. Certificado de registo

D. Certificado de aptidão para circulação

Q 95.na autoestrada

Assinale duas respostas

A. Mantenha-se à direita quando tiver uma velocidade moderada

B. Manter a esquerda apenas para ultrapassagem

C. Manter-se à esquerda, quando a velocidade é moderada

D. Mantenha-se à esquerda quando a velocidade for elevada.

Q 96.Via de circulação com três faixas (apenas autoestrada)

Assinale três respostas

A. Manter-se à direita, quando a velocidade é moderada

B. Mantenha-se na faixa do meio quando os veículos mais lentos estiverem à sua direita

C. Passar para a faixa da esquerda apenas para ultrapassagem

D. Ir para a direita apenas em caso de ultrapassagem

Q 97. Uma linha quebrada significa

Assinale uma resposta

A. Pode atravessar para ultrapassar quando a faixa de rodagem estiver livre

B. Pode atravessar para ultrapassar em qualquer altura

C. Tem prioridade para ultrapassar o veículo que circula à sua frente

D. É possível ultrapassar com uma mudança mais alta

Q 98. A linha dupla sólida significa

Assinale uma resposta

A. Pode atravessar quando a sua velocidade for superior à do veículo que circula à sua frente

B. Pode atravessar com uma mudança mais alta

C. Não é permitido atravessar em nenhuma circunstância

D. Pode atravessar quando a estrada estiver livre

Q 99.Linha mista significa

Assinale uma resposta

A. Pode atravessar em qualquer altura

B. Pode atravessar para ultrapassar, quando a linha pontilhada estiver do seu lado e a estrada estiver livre

C. Não é permitido atravessar em qualquer altura

D. Pode atravessar sempre com uma velocidade superior

Q 100. Qual é a sua distância de paragem a 50 km/h?

Assinalar uma resposta

A. 15 metros

B. 25 metros

C. 50 metros

D. 75 metros

Respostas às perguntas de escolha múltipla 1-B

2-ABC

3-C

4-D

5-A

6-C

7-D

8-ABCD

9-A

10-BCDE

11-C

12-D

13-NIL

14-B

15-D

16-A/C

17-ABC

18-B

19-A

20-D

21-C

22-C

23-C

24-C

25-C

26-C

27-D

28-B

29-A

30-D

31-C

32-B

33-AB

34-ABF

35-BEF

36-BC
37-A
38-ACE
39-A
40-C
41-D
42-CD
43-D
44-D
45-BD
46-D
47-BD
48-C
49-C
50-D
51-D
52-A
53-A
54-A
55-B
56-ABC
57-ACE
58-ACE
59-C
60-D
61-BC
62-B
63-D
64-A
65-D
66-B
67-C
68-A
69-ACE
70-B
71-A

72-B

73-A

74-A

75-B

76-B

77-A

78-B

79-B

80-B

81-A

82-A

83-B

84-A

85-A

86-B

87-C

88-C

89-C

90-D

91-AC

92-A

93-B

94-B

95-AB

96-ABC

97- A

98-C

99-B 100-B

Referências

Amegashie, J. M. (2005). *Condução segura simplificada.* Accra: Woeli Publishing Service.

Bennett, S. I. (2007). *Sistema de camiões pesados.4ª edição.* Cliton Park: Thomson Deinar Learning.

Chapman J.A Wade F.M, F. (1982). *Pedestrian Accidents.* Cardif.U.K: Department of Wales instutute of Science and Technology.

Conheça o seu veículo de dentro para fora. Manual de Condução do Departamento de Veículos Motorizados do Estado de Connecticut. . (2010). Connecticut.

Muckett.M, F. A. (2007). *Introdução à gestão da segurança.* Oxford Burlington: Butterworth Heinemann.

Read.P.P.J.Reid.V.C. (2000). *Motor Vehicle Technology for Mechanics.* Londres: Macmillan Education.

Removendo as barreiras comerciais na África Ocidental. O Guia do Camionista. (2010). Gana.

Robbins, P. (2007). *Organisation Behaviour (Comportamento Organizacional).* Nova Jersey: Pearson Education Inc.

S.C, Mudd (2009). *Tecnologia para Mecânica de Veículos Motorizados 4ª edição.* Odutola Runsewe Close: Bounty Press Limited.

Teste teórico. As perguntas e respostas oficiais para condutores de automóveis e motociclistas. (2005). Londres: A.A Publishing .

Webster, J. (1995). *Shop Manual for Automotive Service and Systems.* Delmer Publishing Inc.

Trigo, G. (2005). *Accident Investigation Training Manual* . Delmer Publishing Inc.

Prefácio e agradecimentos

Este livro tornou-se uma realidade como resultado dos meus seis anos de formação de motoristas no Gana através da Pandoll limited, uma reputada empresa de consultoria de transportes em Accra, no Gana. Desenvolvi o interesse em escrever este livro depois de me ter tornado o diretor de formação da empresa e de ter liderado o programa de formação para os motoristas do Regime Nacional de Seguro de Saúde nas dez (10) regiões do país. A maior parte dos materiais contidos neste livro resultam do meu trabalho de investigação para o desenvolvimento e formação dos motoristas acima referidos. Na verdade, o meu maior desejo é que todos os que se sentam atrás de um volante leiam este livro para que, coletivamente, todos nós façamos da nossa estrada um lugar mais seguro para conduzir.

Para que este livro se tornasse realidade, muitas pessoas leram o manuscrito. Rev. A A Mensah, professor sénior do Departamento de Geologia da Universidade de Minas e Tecnologia. (Dr. Baah. Chefe do Departamento de Garantia da Qualidade do Politécnico de Takoradi. Albert Kwame Ansah, antigo Chefe do Departamento de Engenharia Mecânica do Politécnico de Takoradi. Sr. Harod. Departamento de Tecnologia da Construção no Politécnico de Takoradi. Estou particularmente grato às personalidades acima mencionadas pelo seu apoio. Agradeço também ao Sr. Aikins Ferguson, Diretor de Operações da Pandoll Limited, pelo seu apoio durante todos os meus programas de formação de motoristas. Por último, mas não menos importante, o meu sincero agradecimento ao Sr. Amoakwa Takyi (Diretor-Geral da Samtak Farms Kumasi), ao Sr. Matthew Edunyah Danquah e, finalmente, à minha mulher, a Sra. Elizabeth Edunyah, pelo seu apoio financeiro na realização deste livro

Printed by Books on Demand GmbH, Norderstedt / Germany